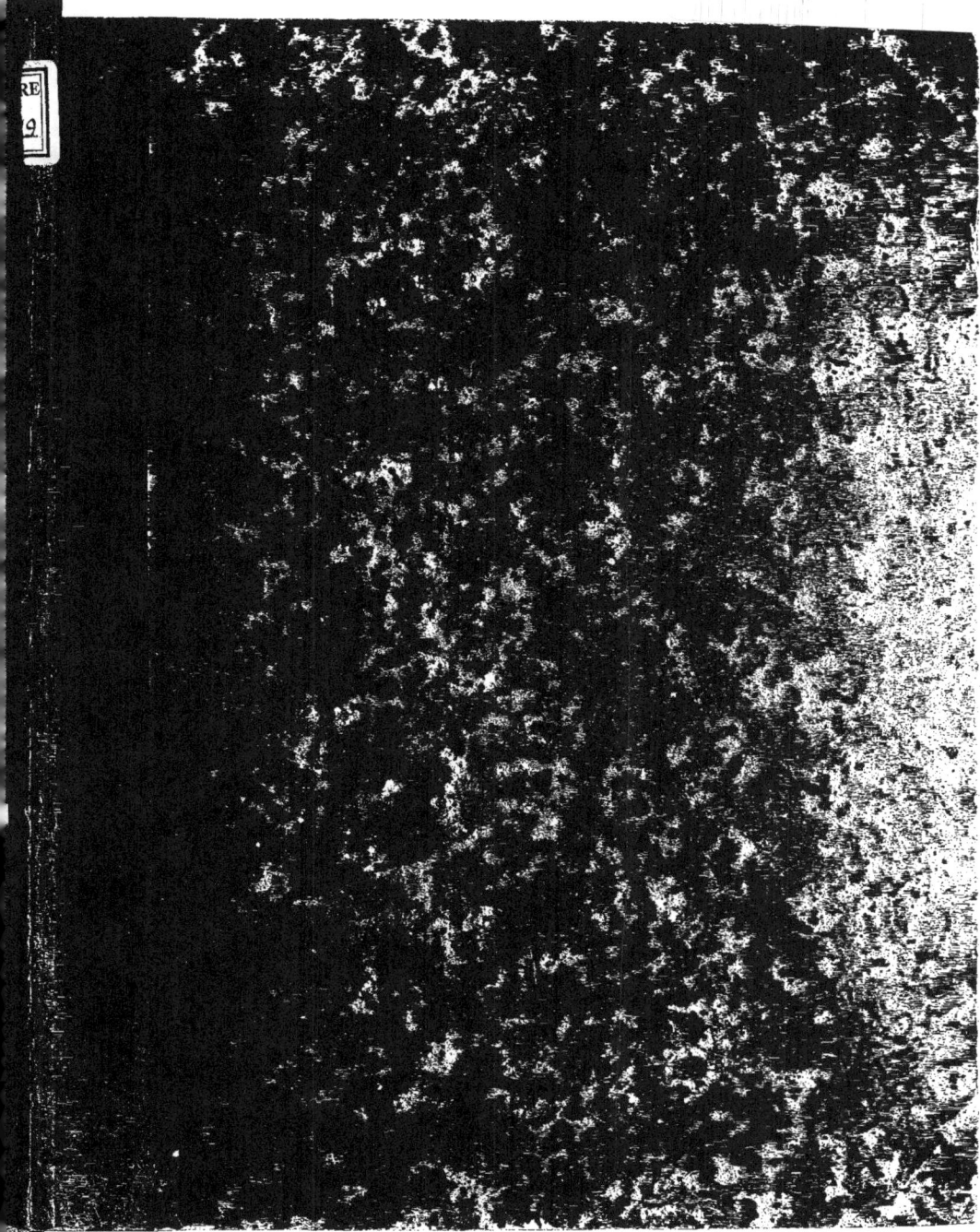

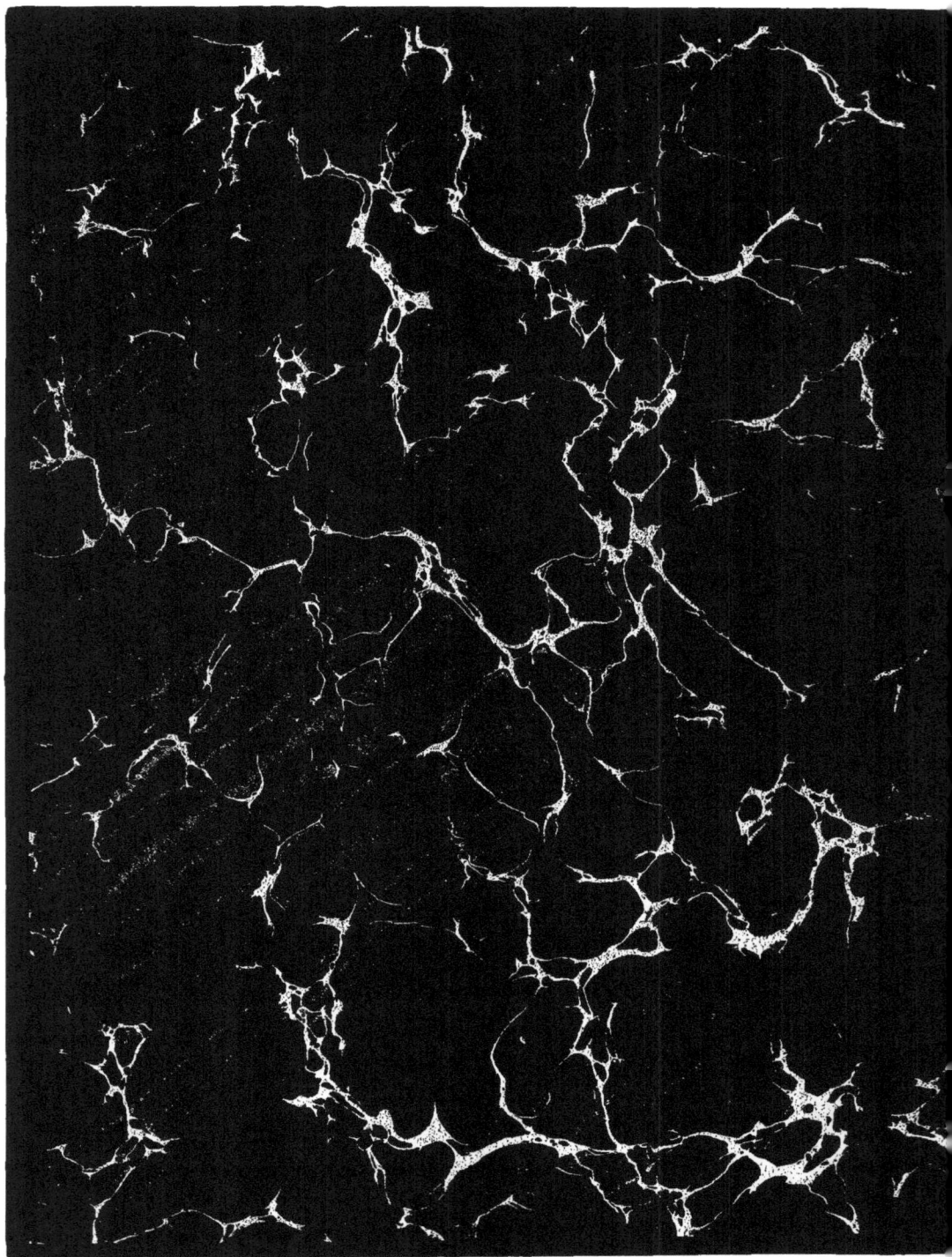

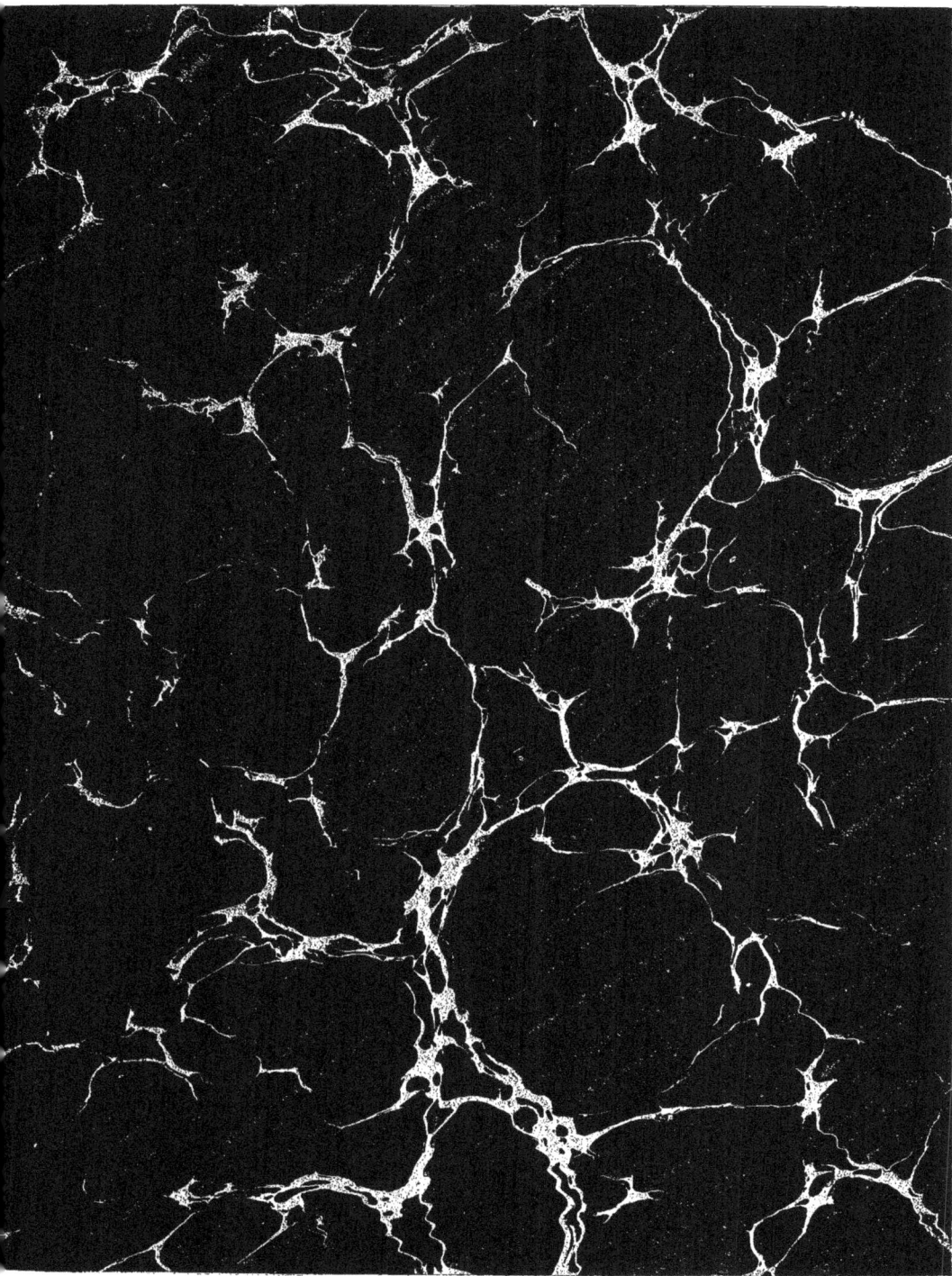

SUR L'EMPLOI
DE L'INSTRUMENT DES PASSAGES
POUR
LA DÉTERMINATION DES POSITIONS GÉOGRAPHIQUES.

———◦◦◦———

A L'USAGE DES OFFICIERS DE L'ÉTAT-MAJOR-GÉNÉRAL

EN RUSSIE,

PAR

F. G. W. STRUVE.

TRADUIT DE L'ALLEMAND

PAR **A. SCHYANOFF,**

LIEUTENANT AU CORPS DES TOPOGRAPHES.

(AVEC TROIS PLANCHES.)

SAINT-PÉTERSBOURG,

DE L'IMPRIMERIE DE L'ACADÉMIE IMPÉRIALE DES SCIENCES.

1838.

Publié par ordre de l'Académie.

St. Pétersbourg, le 30. Juin 1838

Le secrétaire perpétuel Conseiller d'état

P. - H. Fuss.

ERRATA.

Page	Ligne			
17	3	$'',072^2$	lisez	$0'',072^2$
35	2 en rem.	agrafes	—	vis de pression
44	dernière	m	—	m'
48	8	Polaire	—	polaire
52	6 en rem.	d'une côté	—	d'un côté

70   7 en rem. $\sqrt{\dfrac{\sin(\varphi - \quad)}{2\cos\vartheta\cdot\sin\varphi}}$ et $\sqrt{\dfrac{\sin\frac{1}{2}(\varphi - \vartheta)\cos\frac{1}{2}(\varphi + \vartheta)}{\sin\varphi}}$

lisez $\sqrt{\dfrac{\sin(\varphi - \vartheta)}{2\cos\vartheta\cdot\sin\varphi}}$ et $\sqrt{\dfrac{\sin\frac{1}{2}(\varphi - \vartheta)\cos\frac{1}{2}(\varphi + \vartheta)}{\sin\varphi}}$

80   dernière   vis   lis.   boutons des vis.

AVIS DU TRADUCTEUR.

On connaît assez l'importance de l'instrument des passages, pour la détermination des positions géographiques. Le conseiller d'état actuel M. Struve, professeur d'Astronomie à Dorpat, a publié en 1833, en allemand, une brochure intitulée: *Anwendung des Durchgangs-Instruments für die geographische Ortsbestimmung;* plus tard, un exemplaire de cette édition a été revu, corrigé et augmenté par l'Auteur à l'usage de ses élèves. M. Struve a jugé convenable d'y ajouter encore la description d'un instrument d'Ertel de Munich, d'une construction plus moderne et plus parfaite, et de dimensions plus fortes. C'est sur cet exemplaire qui n'a pas paru, et qui probablement ne paraîtra pas en original, que j'ai entrepris cette traduction, afin d'en rendre l'usage plus répandu à l'aide d'une langue aujourd'hui universelle.

M. Struve a déjà réuni l'Astronomie pratique et instrumentale en un corps de doctrine, mais ce n'est que dans ses ouvrages, destinés à des buts spéciaux, qu'on trouve des articles épars sur les excellentes méthodes d'observations, dont cet Astronome célèbre à tant de titres, a enrichi la science. Ses cours à l'observatoire de

*

Dorpat ont formé dans notre patrie un grand nombre d'astronomes distingués; mais malheureusement ces savantes leçons n'ont pas encore été publiées jusqu'à ce jour. Ainsi la brochure dont nous offrons la traduction est, sur l'usage des instruments, l'unique des théories de M. Struve qui ait paru isolément.

La formule qui a servi pour le calcul des tables I et II, n'est que le développement d'une formule connue qui donne les azimuts comptés du point Nord. La déclinaison de l'étoile polaire, adoptée pour les tables de l'édition allemande, était de 88° 25′; j'ai pris pour base, conformément à l'époque actuelle, 88° 28′, et pour m'épargner la peine de recalculer ces tables, j'ai cherché simplement la correction que les 3′ en déclinaison nécessitaient dans les nombres des tables primitives. La correction pour la table II ne pouvait pas s'obtenir exactement; mais comme l'influence de cette inexactitude est très petite et ne porte que sur le deuxième chiffre décimal, ces nouvelles tables sont plus que suffisantes pour le but qu'elles doivent remplir: l'exemple de la page 49 vient à l'appui de notre assertion.

TABLE DES MATIÈRES.

SUR L'EMPLOI

DE L'INSTRUMENT DES PASSAGES

(EN ANGL. TRANSIT, EN ALLEM. DURCHGANGS-INSTRUMENT).

§. 1.

Le but de l'instrument est de décrire un plan vertical, plan qui correspond à un cercle de la sphère céleste, passant par le zénith, et de servir à l'observation du passage des astres par ce plan. Ce vertical peut être le méridien; alors l'instrument se nomme lunette méridienne. On en fait usage : 1° pour déterminer l'heure par l'observation des passages des étoiles dont l'ascension droite est connue, p. ex. des étoiles fondamentales, et 2° pour reconnaître les ascensions droites des étoiles non déterminées, par la comparaison de leurs passages à ceux des étoiles fondamentales. Cette destination de l'instrument a été la plus ancienne et la plus générale. Elle conduit immédiatement à l'usage de l'instrument pour déterminer les longitudes. Comme l'asc. dr. de la Lune croit constamment, celle qu'on a observée dans un lieu quelconque de la Terre ne peut convenir qu'à un instant déterminé d'après l'heure du premier méridien. La différence des temps absolus de même espèce pour le lieu d'observation et le premier méridien est la différence cherchée des longitudes. Mais le vertical de l'instrument peut avoir une seconde position principale, en coupant l'horizon aux points Est et Ouest, cas où il devient premier vertical. Dans cette position l'instrument donne, selon M. Bessel, l'un des moyens les plus commodes et les plus parfaits pour déterminer la hauteur du pôle.

Mais aussi l'instrument, étant placé dans tout autre vertical, peut être employé pour trouver l'heure, l'asc. dr. et la latitude. En général, il donnera d'autant plus avantageusement les premières, qu'il sera plus près du méridien, et la dernière, à mesure qu'il se rapprochera du premier vertical, parce qu'au méridien même la possibilité de déterminer la hauteur du pôle s'évanouit, tandis que la connaissance absolue du temps cesse dans le premier vertical.

§. 2.

C'est la ligne optique du tube, fixée par le réticule, qui doit décrire le vertical pendant le mouvement de la lunette autour de son axe de rotation. De là dérivent naturellement les conditions auxquelles l'instrument doit satisfaire et les rectifications qu'il faut lui faire subir, sans avoir égard à l'observation des astres. La lunette doit tourner sur des tourillons parfaitement ronds. La ligne optique et l'axe de rotation doivent être perpendiculaires entre eux. Si les tourillons ne sont pas ronds, le grand cercle se change en une courbe irrégulière sur la sphère céleste. Si la ligne de vision n'est pas perpendiculaire à l'axe de rotation, elle décrira au lieu d'un grand cercle, un cercle parallèle qui aura pour pôles communs les deux points où l'axe de rotation prolongé rencontre la sphère des étoiles. Pour que le grand cercle passe par le zénith, l'axe de rotation doit être placé horizontalement. Ainsi le niveau, ou tout autre appareil équivalent, est un attribut indispensable de l'instrument. On ne peut décider qu'en observant les passages des étoiles, quel est le cercle vertical décrit par la ligne optique : est-ce le méridien, le premier vertical, ou un cercle intermédiaire ; mais ces observations en elles-mêmes ne peuvent point indiquer que le grand cercle passe par le zénith.

On verra aisément que lorsque la ligne optique et l'axe de rotation ne sont pas parfaitement rectifiés, les observations faites à l'aide d'un instrument non rectifié devront avoir pourtant le même prix que celles d'un instrument qui le serait exactement, aussitôt que la valeur des déviations sera connue avec précision, leur influence étant alors soumise au calcul. En général, un instrument dont les erreurs sont connues, ne vaut pas moins que celui qui serait dégagé d'erreurs. A mesure que les erreurs décroissent, leur influence diminue, et le calcul en devient plus facile. L'astronome doit donc chercher à rectifier son instrument aussi exactement que possible, après quoi il faut qu'il cherche scrupuleusement les corrections qui restent, et qu'il les introduise dans le calcul.

Nous voyons d'après ce qui précède, quelles sont les qualités indispensables d'un bon instrument des passages. D'abord des tourillons ronds. S'ils ne le sont pas, ou s'ils sont endommagés, l'instrument n'est d'aucun usage. Il faut en second lieu que la force optique de la lunette corresponde au but de l'instrument, et que la liaison du tube avec l'axe soit assez solide pour que l'angle de la ligne optique avec l'axe de rotation demeure invariable dans toutes les directions. Comme, troisièmement, les tourillons de l'axe tournent sur des coussinets, il doit être possible d'assujettir solidement ces derniers. Pour de plus grands instruments, les coussinets sont ajustés sur des piliers de pierre qui reposent sur une base garantie, autant que possible, de toute influence extérieure. Dans un instrument portatif les deux coussinets doivent se trouver sur une monture qui sert à placer l'ensemble, et qui doit avoir la solidité requise. Il faut enfin que l'instrument soit commode pour l'observation, et qu'il offre les moyens nécessaires pour une rectification parfaite.

*

Le but de ce traité est d'offrir une instruction sur l'emploi du *transit* portatif, à l'usage des observateurs voyageurs de notre patrie. Comme la marine et l'état-major-général en Russie se servent de préférence des instruments de Troughton de Londres et de ceux d'Ertel de Munich, je commence par la description de deux instruments semblables auxquels je rapporterai tout ce qui suit.

§. 3.

Description d'un *transit* portatif de Troughton.

La pl. I. représente, au ½ de sa grandeur naturelle, l'instrument qui se trouve actuellement à l'observatoire de Dorpat, pour l'étude des officiers de la marine. C'est ce même instrument dont M. l'astronome Preuss a fait usage, dans le voyage de circumnavigation de la corvette Predpryatié, pour ses excellentes déterminations des longitudes de St.-Francisco et de St.-Pierre-et-Paul.

L'instrument entier, fig. 1, est en cuivre jaune et se compose du pied, de la lunette et du niveau. Le premier consiste en un anneau *A*, renforcé par une traverse et percé de trois vis qui le soutiennent sur sa base. La figure représente les pointes coniques de ces vis, reçues dans les cavités correspondantes des coquilles *b*. Ces plaques sont une addition essentielle, mais elles manquaient originairement à l'instrument. Elles doivent être munies à leur surface inférieure de 3 petites pointes en acier, pour pouvoir se fixer à la surface de la sole, qu'elle soit de bois ou de pierre. Les écrous *d* servent à maintenir les vis du trépied dans leur position rectifiée, en les pressant contre l'anneau.

L'anneau est surmonté de deux supports *B*, *B'* pour les coussinets, lesquels supports sont liés avec l'anneau au moyen des vis *e*, et avec le diamètre par les empanons *C* et les vis *f* et *g*. La fig. 2 fait voir de côté l'un des supports avec son coussinet mobile dans le sens horizontal. Les deux coussinets où reposent les pivots de l'axe sont découpés à angle droit et un peu renflés afin de ne toucher les tourillons que dans un seul point. Le coussinet de B ne fait qu'une pièce avec son support. Celui de B' est au contraire mobile, afin qu'on puisse corriger l'instrument dans l'azimut. On voit l'appareil pour ce mouvement sur la fig. 2 (où il est représenté à découvert), l est le coussinet, h la vis qui produit le mouvement lorsqu'on tourne la clef i.

La lunette même est composée de l'axe D et du tube E. L'axe se termine par deux pivots cylindriques d'airain. L'un d'eux k porte le petit cercle F, l'autre k' est percé pour recevoir la lumière d'une lampe, qui en tombant sur un miroir (*), maintenu sous un angle de 45° au moyen de la vis m, est réfléchie vers l'oculaire pour éclairer le réticule. La lampe se pose sur une assiette que l'on peut adapter à chacun des supports des coussinets. Mais cette position de la lampe est très désavantageuse, à cause de sa petite distance de l'instrument. La chaleur qui en émane doit dilater le support et par conséquent faire varier la position de l'instrument. Il est donc nécessaire de placer la lampe à une plus grande distance de l'axe, sur un support isolé. Les deux moitiés de la lunette E sont vissées dans le corps de l'axe, l'une porte l'objectif, l'autre l'appareil O de l'oculaire. Celui-ci se compose de deux tuyaux concentriques, entre lesquels glisse le tube principal. Ce dernier est découpé dans 4 endroits pour donner passage aux vis n qui vont d'un tuyau de l'appareil à l'autre. A cause de ces ouvertures, un déplacement de O par rapport à E devient possible, et ce n'est que lorsque O a sa position exacte que les quatre vis n sont serrées. Le châssis du réticule est assujetti au fond de O, dans son intérieur, au moyen de deux pièces latérales, taillées en biseau. Les vis

---

(*) Ce miroir est une plaque elliptique en métal et dorée ; sa partie intérieure est découpée pour donner passage aux rayons partant de l'objectif. Elle est mate, afin que la lumière réfléchie ne soit pas trop intense.

(N. du tr.)

o, o' déplacent cette plaque et rectifient par là la ligne de vision. Il y a trois oculaires , dont deux directs et un seul muni d'un miroir incliné sous un angle de 45°, qui s'emploie pour observer plus près du zénith. Cependant, une observation très rapprochée du zénith, à moins de 20° par exemple, est à peine possible , car l'œil ne peut plus atteindre l'oculaire. Cela est un défaut essentiel de l'instrument, auquel on pourrait remédier, en faisant les supports *B, B'* plus longs d'à peu. près 2 pouces.

La lunette est très bonne , quant à sa valeur optique. Le diamètre de l'objectif a 1,6 pouc. angl. = 18 lign. de Paris. L'amplification des deux oculaires directs est de 37 et de 26 fois , celle de l'oculaire à miroir , le plus souvent employé, est de 30 fois à très peu près.

Le cercle des hauteurs *F* est fixement adapté au tourillon *k*. Il est divisé en demi-degrés , les deux verniers *v* indiquent les minutes. Ils se trouvent sur un bras mobile qui enveloppe le tourillon prolongé et peut être serré contre la monture inférieure au moyen de la pièce *p* et de la vis de pression *q*. Le bras porte le niveau *r* , que l'on rectifie par la vis *s*. La division part du point le plus élevé, et de droite à gauche , si l'on regarde la surface divisée. Quand la lunette est dirigée vers le zénith, zéro est situé en haut, 90° horizontalement à gauche , ici la division recommence par 0 , ayant 90° au nadir , et ainsi de suite. Il en résulte, que la lunette étant pointée à gauche du zénith, les verniers donnent les hauteurs, à droite, les distances zénithales.

Fig. 3 est le niveau que l'on place sur l'axe, à l'aide des échancrures rectangulaires de ses pieds. Le tube de verre que le mécanicien avait appliqué dans le. commencement, était très imparfait et n'était susceptible d'aucune correction , en sorte que le niveau pouvait servir tout au plus à une rectification grossière de l'axe. J'y substituai donc un autre tube de l'atelier de Fraunhofer, après l'avoir muni des vis nécessaires à la correction dont la description est incluse plus bas dans celle de l'instrument d'Ertel.

§. 4.

Description d'un instrument des passages portatif d'Ertel de Munich.

Cet instrument est figuré en demi-grandeur naturelle sur la pl. II. Sa majeure partie est en cuivre jaune, excepté le corps de l'axe et les montants qui sont d'airain ; les tourillons et l'axe vertical sont en acier.

Le cercle A muni de trois rais solides repose par ses trois pieds f sur les vis a qui s'enfoncent dans les cavités des coquilles b, et forme de cette manière la monture inférieure immobile de l'instrument.

La partie supérieure mobile se compose de la plaque découpée P, des montants et de la lunette. Cette forte plaque a, dans son milieu, un pivot conique d'acier de, dirigé en bas, qui s'emboîte dans le moyeu du cercle A. La partie inférieure de ce moyeu est C. Il est pratiqué d'outre en outre et travaillé en airain, métal qui s'use moins que le cuivre jaune. Par conséquent, l'axe étant introduit dans le moyeu et les deux agrafes h serrées à l'aide des vis g, la partie supérieure se fixe de la manière la plus stable à la monture inférieure. Lorsqu' au contraire les vis g sont relâchées, la partie supérieure devient mobile autour de l'axe vertical de, et peut être amenée dans un vertical quelconque et fixée dans cet état. La surface du limbe A est divisée de 15′ en 15′, et P porte un index, en sorte que l'on peut lire et effectuer les mouvements azimutaux par estime à une minute près. Si l'on dégage les vis g des agrafes h, la partie supérieure se laisse séparer du trépied, aussitôt qu'en soulevant les montants on retire l'axe de du moyeu C. Les supports B des coussinets sont d'airain et d'une solidité qui résiste à toute flexion. Les coussinets mêmes sont découpés rectangulairement et bombés à leurs surfaces de contact avec les tourillons. Aucun d'eux ne peut être déplacé, parce que la correction verticale est pratiquée à l'aide des vis du trépied , et celle de l'azimut au moyen de la rotation autour de l'axe vertical.

L'axe horizontal D de l'instrument commence au cube E et se termine par deux pivots d'acier, qui reposent sur les coussinets et les dépassent. Ce prolongement est conique du côté droit, et porte le cercle des hauteurs F qui, lorsque l'écrou k est serré , tient à l'axe par friction. Lorsque donc k est relâché, la position du cercle sur l'axe peut être changée. Il est divisé en demi-degrés. L'index consiste en un simple trait sur la lame l, qui est fixée à chacun des montants. A l'aide d'une loupe, on peut donner la direction par estime à 2′ près , ce qui suffit pour trouver une étoile. De l'autre côté, le tourillon se termine par une hélice qui sert à tenir l'appareil O de l'oculaire. Cet appareil est composé de deux tuyaux en laiton , l'un intérieur n qui s'applique immédiatement sur l'hélice du pivot, et l'autre extérieur m qui glisse sur le premier. L'un des tuyaux, n porte la pièce d'acier o , et l'autre m l'étrier p traversé par deux vis q. Au moyen de ces dernières, m peut recevoir un doux mouvement autour d'un axe horizontal , et de même, quand l'une des vis q est desserrée, il peut glisser le long de n et o. L'intérieur de m renferme un petit tube dont le diaphragme porte le réticule. L'oculaire r se visse sur m par devant ; on peut encore le faire glisser par lui-même. Le pouvoir grossissant de la lunette est de 28 fois, le diamètre de l'objectif est de 1,2 pouc. angl. $=$ 13 lign. de Par.

Au cube de l'axe s'applique d'un côté le tube G de l'objectif, que le poids H maintient en équilibre. Ce cube renferme le prisme qui renvoie à l'oculaire les rayons sortis de l'objectif. Il est représenté sur les fig. 2, 3, 4 avec ses montures, en sorte que sur ces 4 figures les mêmes parties sont marquées des mêmes lettres. La fig. 2 fait voir l'appareil de côté, tel qu'il est situé dans le cube lorsque la lunette est verticale, la fig. 3 le montre, vu de l'oculaire, et la fig. 4 en représente la sole inférieure. π est le prisme même , étamé à sa surface postérieure. Il repose au moyen de l'étrier ϱ et de deux vis σ sur un siége de laiton T. Ce siége s'appuie sur les trois vis α et $\acute{\alpha}$ qui ont leurs écrous dans la sole μ et se fixe à l'aide de β, dont l'écrou est dans T même. La plaque μ s'enchâsse par son emboîtement supérieur dans une ouverture circulaire du cube, tandis que son bord inférieur la dépasse. Celui-ci est traversé par les 3 vis γ qui serrent tout l'appareil contre le cube. Comme les ouvertures pour γ sont oblongues, le prisme avec sa garniture peut être un peu tourné autour d'un axe qui coïncide avec la direction du tube de l'objectif, lequel mouvement s'effectue à l'aide des deux vis δ.

L'anneau K enveloppe l'axe. Lorsqu'une vis de pression, qui se trouve sur le côté opposé de la figure, est serrée, l'axe se fixe et ne peut recevoir qu'un mouvement délicat dû à la vis micrométrique S.

La fig. 5 représente le niveau qui sert à rectifier l'axe. Les pieds, qui le soutiennent sur l'axe, sont découpés sous un angle de 60°, comme la fig. 9 le montre de côté. Le tuyau de laiton entre ces pieds est ceint de deux anneaux ϵ. Dans l'un d'eux, à droite, sont affermies deux vis ζ qui passent dans l'intérieur du tuyau, l'autre anneau a deux vis correspondantes, la verticale η et l'horizontale θ qui sont mobiles, en sorte que leurs extrémités peuvent entrer plus ou moins dans le tuyau. Le tube de verre s'appuie contre ces 4 bouts de vis, étant poussé du côté opposé par un ressort de laiton. Dans son milieu ce ressort est fortement vissé au tuyau et agit dans une direction de 45° avec le plan vertical passant par l'axe du tuyau, ce qui fait qu'il presse le tube de verre, soit contre la vis horinzontale, soit contre la verticale.

Pour éclairer le réticule dans les observations de nuit, on applique à l'objectif l'anneau R fig. 6 et 7, qui porte sur une tige le petit réflecteur argenté x. Ce dernier ne doit pas être plus grand que sur la figure et la tige aussi mince que possible, afin de ne pas trop masquer

2

l'objectif. Quand la surface miroitante est dirigée vers l'oculaire, l'éclairage se fait au moyen d'une lanterne portative.

§. 5.

Remarques générales.

I. *Sur l'établissement de l'instrument.*

Il n'est pas possible de donner de règles précises sur l'appui inférieur, destiné à supporter l'instrument, car ici trop de choses dépendent des circonstances où l'observateur se trouve. Cet appui a le double but : 1) d'assurer à l'instrument un soutien solide que n'offrirait pas le sol, faute de consistance, à moins qu'il ne soit de roc, et 2) de l'élever sur le sol autant qu'il le faut pour la commodité de l'observation. Un pilier haut d'à peu près trois pieds, de pierre ou de maçonnerie, qui repose sur un fondement suffisant, est donc préférable à tout autre appui. Mais l'astronome voyageur ne peut que rarement se procurer un pilier de cette espèce, dans des circonstances favorables ; c'est plus facile pourtant à celui qui accompagne une expédition maritime. Il est à conseiller qu'il embarque 3 ou 4 pierres taillées, d'un pied cube de dimension, qu'il peut poser partout l'une sur l'autre, sans emploi de mortier. Ce n'est que lorsque le sol est trop mou [qu'il fera bien d'y enfoncer préalablement des pilotis. Après le pilier de pierre se présente, quant à l'avantage, un trépied de fer qui doit être construit de manière, qu'on puisse en charger la partie inférieure de poids, de pierres, etc. et le démonter pour le transport. Si le terrain n'est pas assez solide, il est bon de mettre des pierres pour empêcher les pieds de s'enfoncer. Il est encore utile de protéger les barres contre l'influence de la température, en les enveloppant d'un mauvais conducteur du calorique, p. ex. d'un épais tissu de laine. Au lieu d'un trépied de fer, on peut employer aussi un tréteau de bois que l'on établit dé la même manière que le trépied de fer. Enfin, un simple poteau de bois, long d'environ 7 pieds, peut servir d'appui à l'instrument. On l'enfonce jusqu' à la moitié dans la terre, et le diamètre doit en être suffisamment grand pour que les coquilles des pieds de l'instrument puissent se placer immédiatement sur sa coupe transversale. L'astronome voyageur M. Fedoroff qui, pour ses déterminations de longitudes en Sibérie, depuis 1832 jusqu' à 1837, a fait usage d'un instrument d'Ertel, semblable à celui que nous avons décrit, l'a constamment placé de cette manière avec le plus grand succès. Dans tous les cas, il est important d'éviter que l'action du poids de l'observateur sur le sol ne se propage à l'instrument, et ne lui fasse éprouver des dérangements dépendants de la position de l'observateur. Il faut donc construire, s'il est possible, un sol artificiel qui peut être fait avec trois planches reposant sur des poteaux enfoncés à une distance de quelques pieds seulement de l'instrument. Pour des observations de jour, il est indispensable de garantir l'instrument et son appui des rayons solaires, et il faut tâcher de l'abriter en tout temps contre le vent. Une tente convenable est donc pour l'astronome voyageur un accessoire important, mais non indispensable, parce que selon les circonstances on peut se servir également de tout autre paravent. Si le tréteau de bois est enduit de couleur à l'huile, les changements dans la position de l'instrument seront toujours médiocres, et l'observateur habile pourra en retirer des résultats aussi précis que d'un pilier de pierre, car il possède des moyens de reconnaître chaque aberration de l'instrument et de l'introduire dans le calcul des observations. Ces moyens sont: le niveau pour l'inclinaison de l'axe, une mire à l'horizon pour la direction de la ligne optique, les observations du passage des étoiles de différentes déclinaisons pour la relation par rapport au pôle du ciel.

Une bande de papier blanc attachée à une planchette noire que l'on place selon les accidens du terrain à la distance de 200 jusqu'à 1000 sa-

*

gènes (*) offre la mire la plus avantageuse pour juger de l'invariabilité de la position de l'instrument dans l'horizon. On pointe sur cette bande le fil moyen de l'instrument. La mire doit être si large, qu'elle dépasse un peu les bords du fil ; sa hauteur peut être double de sa largeur. Les dimensions linéaires de la mire dépendent donc de sa distance à l'instrument et de l'épaisseur du fil. Elle doit être attachée aussi solidement que possible à un poteau planté dans le terrain, ou à un trépied chargé de pierres. Il est facile de prendre ses précautions pour que la mire ne se déplace pas d'une ligne. Or une ligne ne fait qu'une seconde en arc pour un rayon de 200 sagènes. On pourra considérer par conséquent la direction vers la mire comme invariable, et chaque changement d'azimut se fera connaître pour l'instrument par une déviation de la ligne optique par rapport à la mire. On corrige cette déviation dans l'instrument de Troughton en tournant la vis h, pl. I. fig. 2. L'instrument d'Ertel manque de mouvement micrométrique en azimut ; il faut donc relâcher les vis g des deux presses h, pl. II, et un peu tourner toute la monture supérieure, jusqu'à ce que la ligne optique rencontre de nouveau la mire.

Mais une telle mire ne peut être employée que pendant le jour, et c'est pourtant dans les observations nocturnes qu'il importe ordinairement le plus de s'assurer de la position invariable de l'instrument. Pour avoir une mire de nuit, il faut perforer la planchette exactement au milieu de la bande blanche et placer une lampe derrière l'ouverture.

Souvent les circonstances locales ne permettent pas d'établir une mire. Dans ce cas, et lorsqu'on n'a pas une mire de nuit, l'observation du passage des étoiles de différentes déclinaisons, jointe aux indications du niveau, offre un moyen de vérifier de temps en temps la direction azimutale de l'instrument et d'en apprécier les variations. Une mire est principalement utile,

(*) Mesure russe = 7 pieds anglais.   (N du tr.)

lorsque l'observateur est obligé d'ôter l'instrument tous les jours, et qu'il veut obtenir sur le champ l'azimut précédent à chaque nouvel établissement.

II. *Sur le réticule.*

Le réticule des instrumens d'ancienne construction est fait pour la plupart de fils métalliques très fins. Aujourd'hui on emploie généralement des fils d'araignée, qui sont moins grossiers et permettent d'atteindre par cela même à une plus grande rigueur dans l'observation. Mais ils sont aussi facilement destructibles; l'observateur doit donc connaître la manière de les replacer. On obtient ces fils immédiatement des araignées, quand on les laisse courir le long d'une plume et qu'on les force par des secousses de descendre sur leurs fils. L'araignée remonte ordinairement sur le même fil; si l'on agite donc la plume pour la seconde fois, l'araignée descendra encore, mais sur un fil d'une épaisseur double. De cette manière on peut se procurer de la même araignée des fils de différente grosseur. A l'aide d'un compas ouvert ou d'un fil-d'archal mou et recourbé, dont les extrémités sont enduites de vernis ou de cire, on saisit le fil d'araignée en tournant les pointes de manière que le fil s'entortille autour des branches. L'élasticité du fil ainsi tenu permet au compas de le tendre considérablement, surtout si on l'humecte par l'haleine ou de la vapeur d'eau chaude. C'est dans cet état de haute tension que le fil doit être appliqué sur la tablette du réticule, afin qu'il demeure encore raide par un temps humide. Par le mouvement du compas on donne facilement au fil la position marquée sur le châssis et on l'affermit au moyen d'une gouttelette de cire fondue, ou par un peu de vernis que l'on étale sur la surface de laiton, avec la pointe fine d'un brin de bois. Ce dernier procédé est le plus sûr, parce qu' aux températures extrêmes, la cire se casse ou s'amollit.

Mais les araignées ne donnent pas de fils en toute saison, et l'on ne peut pas s'en procurer toujours. Il vaut donc mieux se munir d'un des cocons où les araignées déposent leurs œufs. Ce sont des tissus jaunâtres que l'on rencontre surtout dans des bâtimens de bois, sous des toits de fer, etc. Si le cocon contient encore des œufs, on l'épluche et on jette les œufs. On peut le dévider à chaque occasion, et les fils du même cocon sont toujours d'égale épaisseur. En les retirant on les saisit de même avec les pointes du compas et on les tend, après les avoir tenus au-dessus d'une vapeur d'eau chaude.

Le réticule se compose ordinairement de 5 fils verticaux, distans l'un de l'autre de 20 à 30 secondes en temps, ou de 5′ jurqu'à 7$\frac{1}{2}$′ en arc, et entrecoupés à angles droits par 2 fils horizontaux, comme la pl. I. fig. 4 le montre en grand. L'intervalle des deux fils horizontaux doit être à peu près d'un quart de la distance des deux fils verticaux voisins. On ne marque ordinairement pour ces fils qu'un seul trait sur le châssis, on les applique à l'aide d'une loupe à égale distance des deux côtés du trait, et on les colle à la fois, à cause de leur proximité. On doit également se servir d'une loupe pour attacher les autres fils, et vérifier s'ils couvrent exactement les traits désignés.

Dans l'instrument de Troughton, les fils verticaux sont à la distance d'à peu près 30″ en temps l'un de l'autre. C'étaient au commencement des fils métalliques, fixés à l'aide de petites vis. On ôte ces vis parce qu'elles gênent l'adaptation des fils d'araignée. Pour parvenir dans cet instrument jusqu'à la tablette qui porte le réticule, on retire tout-à-fait les vis n et l'on peut alors ôter tout l'appareil O de l'oculaire. Après cela on le dégage aussi des vis o et o', et l'on relâche ensuite intérieurement les vis des pièces latérales, entre lesquelles glisse la plaque du réticule. On se sert pour retirer et remettre cette plaque, d'une pince plate d'horloger.

Pour parvenir dans l'instrument d'Ertel jusqu'à la plaque du réticule, on desserre la vis q sur l'appareil O de l'oculaire, et l'on retire le tube m, après quoi l'on dégage le porteur r de l'oculaire. On voit alors cette plaque formant le fond d'un tuyau, avec ses deux petits trous. Ces derniers sont ménagés pour recevoir la clef fig. 8 qui sert en partie à tourner l'appareil et en partie à le retirer, étant pourvue de talons à ses goupilles. On emploie également cette même clef pour faire rentrer le petit tuyau, et l'on tourne par son moyen la plaque de manière que, lorsque la lunette est dirigée vers l'horizon, à l'oeil les 5 fils soient verticaux. Dans cet instrument l'intervalle des fils est à peu près de 25″ en temps. La distance focale de l'objectif, c.-à-d. celle du réticule au centre de l'objectif est facile à mesurer. Faisons-la $= F$. Si donc e est en temps l'intervalle entre deux fils verticaux voisins, ou $15\,e = E$ en arc, leur distance mutuelle linéaire doit être $A = F.$ tang E. Dans l'instrument anglais $F = 23$ pouc. angl., $E = 7',5$, dans celui de Munich $F = 14$ pouc. angl., $E = 6',25$; de là les deux valeurs de A sont 0,0498 et 0,0255 pouc. angl.; par conséquent toute l'extension du réticule depuis le premier jusqu'au dernier fil pour 4 intervalles est à peu près $= 0,2$ et 0,1 pouc. angl.

III. *Sur l'observation du temps du passage d'une étoile par un fil vertical.*

La quantité cherchée en premier lieu est le moment de l'horloge, où une étoile croise par son mouvement diurne le fil qui détermine la ligne de vision. Pour des étoiles peu éloignées de l'équateur, on cherche à évaluer ce moment jusqu'aux parties d'une seconde, en dixièmes. La division de la seconde en temps se fait au moyen de la vue. Lorsque nommément on entend battre l'horloge et qu'on remarque à chaque coup la position de l'étoile entre les fils, on trouvera qu'en général l'étoile était d'un côté du fil pour un certain coup, et de l'autre pour le coup suivant. Si l'on compte ces battements successifs et qu'on trouve p. ex. que l'étoile était à 45″ d'une pendule qui bat des secondes entières en a, pl. I fig. 6, à 46″ en b, à 47″ en c et à 48″ en d, l'estime donne 47″,6 pour la coïncidence de l'étoile avec le fil. On doit avoir égard dans cette estimation au diamètre apparent ou à l'épaisseur des fils. Quand on observe, comme cela arrive ordinairement dans les voyages, avec un chronomètre qui bat $0'',3$, $0'',4$ ou $0'',5$, on dira zéro à l'instant où l'étoile apparait en d avec le coup, on retiendra la fraction qui correspond à la distance d au fil, et l'on continuera à compter les battements ordinairement jusqu'à ce que le chronomètre marque une seconde complète. On a coutume d'exprimer alors la fraction en quarts de battement. Si la distance de d et c au fil était égale, on aurait observé le passage p. ex. à $20'' - 13\frac{1}{2}$ coups $=$ à $14'',6$, quand la valeur d'un coup $= 0'',4$. (Pour des lunettes d'une amplification très forte on pourra pousser l'estime à la pendule jusqu'à $\frac{1}{20}''$ et aux chronomètres jusqu'à $\frac{1}{10}$ de coup).

L'évaluation doit être d'autant plus difficile, que le mouvement apparent de l'étoile dans la lunette est plus lent, c.-à-d. que le grossissement est plus faible et la distance de l'étoile à l'équateur plus grande. Si le tube est dirigé dans le méridien, comme lunette méridienne, l'étoile passe par les fils perpendiculairement. Mais lorsque l'instrument est loin du méridien, chaque étoile croise les fils obliquement et rend par là l'estime plus difficile. Il est de la plus grande importance de pouvoir apprécier l'exactitude du passage des étoiles culminantes pour des lunettes de différentes amplifications et pour chaque déclinaison. Elle est évidemment en raison inverse de l'erreur, que d'après la probabilité on commettra sur le passage et que nous nommerons erreur probable (wahrscheinlicher Fehler) du passage $=$ e. p. Une étoile dont la déclinaison $= \delta$ et une lunette qui grossit 180 fois, comme celle du cercle méridien de Reichenbach, donnent pour un observateur exercé et un état favorable de l'atmosphère:

$$\text{e. p.} = \sqrt{(0'',072^2 + 0'',016^2 \cdot \sec^2 \delta)} \text{ secondes en temps,}$$

formule où $0'',072$ est l'erreur probable de l'ouïe et $0'',016$ en temps $= 0'',24$ en degrés l'erreur probable de la vue pour cette amplification de 180 fois.

Pour une lunette qui grossit n fois, l'erreur de la vue augmente dans le rapport $\frac{180}{n}$, celle de l'ouïe restant la même, d'où

$$e.\ p. = \sqrt{\left({''},072^2 + \left(\frac{180}{n}\right)^2 0{''},016^2 \sec^2 \delta\right)}.$$

Le pouvoir amplifiant des lunettes de nos deux instruments est à peu près de 30 fois, ce qui donne

$$e.\ p. = \sqrt{(0{''},072^2 + 0{''},096^2 \sec^2 \delta)}.$$

C'est ainsi que la table suivante des er. pr. du passage par un fil des deux lunettes a été calculée pour différentes déclinaisons jusqu'à l'étoile polaire.

Décl.	Amplif. = 180	Amplif. = 30	Rapport des er. pr.
0^0	$0{''},074$	$0{''},120$	$1:1,6$
10	0, 074	0, 121	1 : 1,6
20	0, 074	0, 125	1 : 1,7
30	0, 074	0, 129	1 : 1,8
40	0, 075	0, 145	1 : 1,9
50	0, 076	0, 166	1 : 2,2
60	0, 079	0, 205	1 : 2,6
70	0, 086	0, 290	1 : 3,4
80	0, 117	0, 558	1 : 4,8
85	0, 197	1, 104	1 : 5,6
$88^0 27'$	0, 596	3, 550	1 : 5,9

Pour une étoile dans l'équateur l'err. prob. des instruments portatifs est $= 0{''},120$, tandis que pour la grande lunette du cercle méridien elle est $= 0{''},074$. Ainsi dans l'équateur un grossissement 6 fois plus fort n'assure pas même une double précision du passage. Ce n'est que pour des déclinaisons considérables que l'avantage des gros instruments devient très sensible, et l'on pourra observer l'étoile polaire avec le cercle méridien de Reichenbach, dans des circonstances atmosphériques favorables, avec une

exactitude à peu près 6 fois plus grande que par le moyen des petits instruments portatifs que nous venons de décrire.

IV. *Sur le niveau et son usage, pour la position horizontale de l'axe de rotation.*

Le but du niveau est de donner l'inclinaison de l'axe de rotation de l'instrument, c.-à-d. de la faire $= 0$, ou d'en mesurer la valeur. Comme le niveau se pose sur la surface des deux tourillons cylindriques, et que l'axe de rotation est une ligne qui joint les centres des deux cercles dans lesquels les tourillons touchent les supports, on ne pourra immédiatement rectifier l'axe de rotation, que quand l'épaisseur de ces pivots, supposés ronds, est parfaitement égale. Dans les instruments des bons mécaniciens, la différence des diamètres des tourillons est toujours très petite et leur forme ronde dérive naturellement de leur confection, étant façonnée au tour.

Comme pendant la direction de la lunette vers le zénith le niveau ne peut plus être placé, le mieux est, pour l'uniformité, de diriger la lunette à l'horizon et s'il y a du temps, d'exécuter le nivellement deux fois dans les positions opposées de la lunette (au Sud et au Nord).

Le tube de verre dans le niveau est un cylindre dont la surface interne a reçu par la polissure à sa partie supérieure une courbure dans la direction de l'axe, en sorte que la coupe du tube est celle de la fig. 5 pl. I. La plus grande partie de ce tube est remplie d'un liquide, d'alcool ou d'éther, et ses extrémités sont hermétiquement fermées à la lampe, ou avec des bouchons de verre. La soi-disant bulle d'air occupe le reste du tube et doit s'y trouver constamment dans la partie la plus élevée. Si c est le centre de la courbure adb et le rayon cd normal à l'horizon, la bulle doit se disposer à l'égard du point d, dans le cas d'une courbure uniforme, de façon que ses extrémités soient à égale distance de d, ou qu'on ait $de = df$. Le milieu de la bulle sera donc toujours situé au point du tube de verre, où un plan horizontal touche la surface intérieure. Qu'on change la position du tube de manière que, r demeurant en repos, w monte vers w', la bulle devra gagner le côté voisin de b, et parcourir un arc qui correspond à l'angle wrw'. Ainsi à mesure que le rayon de courbure $cd = R$ augmente, les mouvements de la bulle deviennent aussi plus grands pour des modifications égales d'inclinaison, et lorsque R est très grand, on pourra reconnaître aux déplacements de la bulle de très petites variations d'inclinaison wrw'. Pour mesurer les écarts de la bulle la surface du tube porte une graduation. La valeur angulaire t d'une partie, dont la longueur linéaire soit l, dépend de R et l'on a $\sin t = \frac{l}{R}$, par conséquent $R = l : \sin t$. Pour un tube où $l = 1$ ligne, et l'angle qui lui correspond $t = 2''$, on doit avoir $R = 1$ ligne : $\sin 2'' = 103132$ lign. $= 716;2$ pieds.

Les vis du pied de l'instrument offrent le moyen le plus commode pour déterminer la valeur angulaire des divisions du tube. Qu'on tourne p. ex. la partie supérieure de l'instrument pl. II de manière que l'oculaire O se trouve exactement au-dessus d'une vis, qu'on pose le niveau sur l'axe et qu'on amène par le jeu de la vis du pied la bulle entre deux repères quelconques, chaque nouveau mouvement de cette vis sera suivi d'un déplacement de la bulle. Si l'on fait faire à cette vis une révolution complète, l'inclinaison de l'axe variera d'un certain angle u. Comme les pointes des 3 vis du trépied forment un triangle de 3 côtés égaux $= E$, la perpendiculaire abaissée d'un sommet sur un côté opposé est $= E \sin 60°$, et si h est la hauteur d'un pas de la vis, $\sin u = \frac{h}{E.\sin 60°}$ ou $u = \frac{h}{E.\sin 60°.\sin 1''}$, où E et h doivent être exprimés en mêmes unités linéaires.

*

On fera donc à la surface du bouton a de la vis un trait, on ajustera à côté, sur la monture inférieure de l'instrument, un index qui marque le trait, et l'on pourra voir à l'aide de l'index si la vis a fait exactement un tour, ou si l'inclinaison de l'axe a varié de u.

Qu'on tourne donc la vis du pied d'une partie quelconque de son circuit, la lecture du tube de verre donnera le nombre $= x$ des divisions dont la bulle se déplace d'un côté. On met en jeu après cela la vis η du niveau jusqu'à ce que la bulle revienne à sa position primitive et l'on tourne pour la seconde fois la vis du pied, ce qui fait de nouveau avancer la bulle de x' parties. Cette opération peut être continuée jusqu'à ce que la vis du pied ait fait exactement une révolution et l'on aura

$$(x + x' + x'' + \ldots.) . t = u; \; t = \frac{u}{x + x' + x'' + \ldots}$$

Si le bouton a de la vis est divisé p. ex. en 100 parties égales dont chacune correspond à un angle $= \frac{1}{100} u = s$, on a l'avantage de pouvoir tourner des arcs toujours égaux et cette graduation avec un index ajusté à la monture de l'instrument est un perfectionnement fort utile et très facilement praticable.

J'ai trouvé dans l'instrument d'Ertel, en mesurant avec un compas, que 54 tours de la vis du pied $= 12, 4$ lign. de Par., d'où $h = \frac{12,4}{54}$ lign. La distance mutuelle des pointes de ces vis est de 9 pouc. 3 lign. $= 111$ lign. Ainsi on trouve $u = \frac{12,4}{54 . 111 . \sin 60^o . \sin 1''}$, ce qui donne en logarithmes à 5 décimales :

$$\log \quad 54 = 1,73239$$
$$\log \quad 111 = 2,04532$$
$$\log \sin \ 60° = 9,93753 - 10$$
$$\log \sin \quad 1'' = 4,68557 - 10$$
$$\overline{\text{Somme} \ = 8,40081 - 10}$$
$$\text{compl.} = 1,59919$$
$$\log \ 12,4 = 1,09342$$
$$\overline{\log u = 2,69261}$$
$$u = 492'',7$$

Le bouton de la vis du pied est partagé en 100 parties, dont chacune $s = 4'',927$. La comparaison des déplacements de la bulle avec les mouvements de la vis que je tournais chaque fois de 10 parties, a donné :

$$10 \ s = 19,8 \ t$$
$$10 \ s = 19,8 \ t$$
$$10 \ s = 19,8 \ t$$
$$10 \ s = 20,7 \ t$$
$$10 \ s = 22,0 \ t$$
$$10 \ s = 21,5 \ t$$
$$10 \ s = 21,6 \ t$$
$$10 \ s = 21,5 \ t$$
$$10 \ s = 21,8 \ t$$
$$10 \ s = 21,8 \ t$$
$$\overline{\text{Somme} \ u = 100 \ s = 210,3 \ t}$$

Par conséquent $t = \frac{492'',7}{210,3} = 2'',35$ valeur d'une division sur le tube de verre du niveau.

Il s'est trouvé pareillement que dans l'instrument de Troughton $t =$ 3″,33 pour le tube de verre nouvellement adapté.

On reconnait de la manière suivante si l'axe de l'instrument est horizontal. Lorsque le niveau pl. II est posé sur les tourillons, on amène la bulle à l'aide de la vis η entre deux traits quelconques. Cela fait, si l'on retourne le niveau en sorte que son pied qui était sur le tourillon droit vienne se placer sur le tourillon gauche, la bulle se mettra exactement entre les mêmes traits, si l'axe est horizontal. Mais lorsque cette identité dans la position de la bulle d'air n'a pas lieu, on voit que celui des tourillons dont la bulle s'est rapprochée après le retournement, est le plus élevé et que l'inclinaison de l'axe est égale à la moitié de l'arc dont la bulle s'est déplacée.

Les nombres de la graduation de l'échelle du niveau sont dirigés, ou dans le même sens, ayant zéro à l'une des extrémités, ou bien ils sont situés des deux côtés du zéro qui occupe le milieu. Dans le premier cas, la lecture est désignée par la direction que suivent les nombres, p. ex. lorsque l'instrument est dans le méridien, par *à l'Est, ou à l'Ouest.* Dans le dernier cas, la direction du nombre donné doit être notée pour chaque bout. Deux exemples le feront voir plus clairement.

Détermination de l'inclinaison de l'axe dans l'instrument d'Ertel.

L'instrument est dans le méridien ; le zéro se trouve au milieu de l'échelle.

1. O b j e c t i f a u S u d.

A. Etat du niveau 9,6 t Ouest et 11,2 t Est.
B.   —   —   — 7,0   — — 14,0 —

Somme 16,6 Ouest 25,2 Est.
Différence $=$ 8,6.

2. Objectif au Nord.

B. État du niveau 7,4 *t* Ouest et 13,5 *t* Est.

A. — — — 9,3 — — 11,4 —

Somme $\overline{16,7}$ Ouest $\overline{24,9}$ Est.

Différence $=$ 8,2.

L'axe à l'Est est plus élevé 1, de $\frac{8,6}{4} =$ 2,15 *t.*

2, de $\frac{8,2}{4} =$ 2,05 *t.*

Milieu $= \overline{2,10}$ *t.* $=$ 2,10. 2″,35

$=$ 4″,935.

Ici on a désigné par *B* et *A* les deux positions opposées du niveau sur l'axe. La suite *A* , *B* en 1 et réciproquement *B* , *A* en 2 fait que , terme moyen, les lectures de *B* et *A* peuvent être considérées comme simultanées, ce qui élimine de légères variations dans le niveau même.

Si zéro se trouvait à l'extrémité de l'échelle , on aurait les lectures suivantes, correspondantes aux premières :

1. Objectif au Sud.

A. Etat du niveau

depuis 10,4 *t* jusqu'à 31,2 *t* à l'Est, milieu $=$ 20,8 *t* Est.

B. — — 6,0 — 27,0 — Ouest — $=$ 16,5 Ouest.

Différence $= \overline{4,3}$

2. Objectif au Nord.

B. Etat du niveau

depuis 6,5 *t* jusqu'à 27,4 *t* à l'Ouest, milieu $=$ 16,95 *t* Ouest.

A. — — 10,7 — 31,4 — Est — $=$ 21,05 Est.

Différence $= \overline{4,1.}$

L'axe était plus élevé à l'Est 1, de $\frac{4,5}{2} t = 2,15\ t$

2, de $\frac{4,1}{2} t = 2,05\ t$

Milieu $= 2,10\ t = 2,10$. $2'',35$

$= 4'',935$.

Si après le retournement la bulle du niveau n'a plus de jeu, c.-à-d. qu'elle passe tout-à-fait à l'extrémité du tube, l'inclinaison de l'axe est trop grande pour pouvoir être mesurée par l'échelle du niveau, et il devient nécessaire de corriger cette inclinaison. Quand la vis du pied située sous l'axe est graduée, cette correction est très facilement praticable. En effet, on tourne la vis du pied jusqu'à ce que la bulle se replace aussi dans cette seconde position, et alors on fait revenir la vis de la moitié; l'autre moitié est corrigée par la vis η du niveau. On obtient ainsi à la fois l'horizontalité très approchée sans faire beaucoup d'essais de part et d'autre. Aussitôt que la bulle reste entre ses repères dans les deux positions, l'inclinaison de l'axe peut être ou mesurée comme ci-dessus, ou rectifiée encore plus rigoureusement, en répartissant la moitié de l'erreur sur la vis du pied, et l'autre sur la vis η.

Avant d'entreprendre pourtant la dernière correction de l'axe, il faut encore exposer le niveau à une épreuve. C'est qu'il s'agit de savoir si l'axe du tube de verre et celui des tourillons tombent dans le même plan, lorsque le niveau est placé sur les tourillons. Lorsqu'on déplace le niveau de façon que ses pieds étant toujours en contact avec les pivots de l'axe, il se meut autour de ces pivots, et que l'on trouve la position de la bulle invariable, la condition précédente a lieu. Dans le cas contraire on modifie la situation du tube dans sa monture de laiton, en azimut, à l'aide de la vis θ pl. II fig. 5, jusqu'à ce que la condition soit remplie. Si les parties saillantes des coussinets empêchent le mouvement rotatoire du [niveau, le plus simple est d'élever l'axe dans ses supports en interposant du papier uni.

V. *Sur l'épaisseur inégale des tourillons.*

Il a été dit plus haut que l'inclinaison de l'axe, immédiatement donnée par le niveau, n'est exacte que lorsque les diamètres des deux tourillons sont parfaitement égaux. Quoique cela ait toujours lieu à très-peu près, parce que le mécanicien a les moyens nécessaires pour tourner des pivots exactement ronds, aussi bien que pour exécuter des cylindres d'égale épaisseur, il est pourtant essentiel de s'en convaincre soi-même par expérience, et d'introduire l'inégalité des pivots dans le calcul des observations, en cas qu'elle existe.

Si les diamètres d'un cylindre à niveler sont parfaitement égaux dans les deux cercles de contact avec les coussinets et le niveau, si de plus aux pieds du niveau les inclinaisons des plans tangents sont exactement les mêmes et ces surfaces parallèles deux à deux : alors en retournant le niveau de la position *A* en *B*, le cylindre sera touché toutes les deux fois précisément dans les mêmes points, et les lignes qui joindront ces derniers deux à deux seront parallèles à l'axe de rotation, c.-à-d. à la droite qui passe par les centres des cercles de contact. Dans ce cas le niveau donnera immédiatement l'inclinaison de l'axe de rotation. Mais quand les conditions énoncées pour les pieds du niveau n'auront lieu qu'imparfaitement, le contact dans les positions *A* et *B* arrivera, il est vrai, dans des points différens du cylindre, mais à cause du retournement du niveau, l'influence de cette imperfection sur la détermination de l'inclinaison disparait complètement. Si au contraire les diamètres sont inégaux, l'axe du cylindre sera plus élevé du côté du plus petit diamètre, quand même le niveau indiquera en *A* et *B* exactement la même position de la bulle ; parce que le nivellement se rapporte proprement à la ligne qui joint les sommets des angles formés par les plans tangents. Si donc on retourne le cylindre dans ses coussinets sans les déranger, sur les mêmes endroits de contact, on trouvera dans les deux états A et B du niveau une différence dans la position de la bulle, ce qui fera reconnaître la différence des diamètres. La structure des coussinets et des pieds est telle que le plan vertical passant par l'axe les coupe par la moitié. Si l'on nomme ces angles $2\,g$ et $2\,f$, où g et f sont les angles des surfaces de contact avec le plan vertical, g pour les coussinets et f pour le niveau, et si l'on désigne par r et r' les deux rayons des cercles de contact, par L leur distance mutuelle et par u la différence de l'inclinaison trouvée dans les deux positions du cylindre, on aura :

$$u = \frac{2\,(r - r')}{L.\sin 1''} \cdot \frac{\sin g + \sin f}{\sin g.\ \sin f};$$

par conséquent $r - r' = \frac{1}{2}\,u.\ L.\ \sin 1'' \frac{\sin g.\ \sin f}{\sin g + \sin f}$

et la différence des rayons des tourillons en parties d'arc, pour la distance L des points de contact, sera

$$d\,r = \frac{r - r'}{L.\sin 1''} = \frac{1}{2}\,u. \ \frac{\sin g.\ \sin f}{\sin g + \sin f}.$$

Ainsi, chaque inclinaison indiquée par le niveau, lorsqu'on le retourne sur le cylindre, exige une correction

$$= \pm \frac{1}{2}\,u. \ \frac{\sin g}{\sin g + \sin f},$$

ou quand $f = g$, elle est $= \pm \frac{1}{4}\,u$.

Nous allons le faire voir par des épreuves sur nos deux instruments.

1. Instrument de Troughton.

L'axe étant dirigé de l'Est à l'Ouest, j'obtins en trois essais les lectures suivantes au niveau dans les deux positions de l'axe, qui diffèrent entre elles en ce que le limbe gradué se trouvait à l'Est ou à l'Ouest.

Expéri-ence.	Limbe.	N i v e a u.	Tourillon à l'Ouest plus élevé.	E — O = u.
I.	Ouest.	$A.\ 21^l,2$ Est $20^l,2$ Ouest $B.\ 18,6 — 22,8$ —	$\frac{3^l,2}{4} = 2'',66 = O.$	$+ 1'',00$
	Est.	$B.\ 17,2 — 23,0$ — $A.\ 21,2 — 19,8$ —	$\frac{4^l,4}{4} = 3'',66 = E.$	
II.	Est.	$A.\ 21^l,4$ Est $19^l,8$ Ouest $B.\ 17,9 — 23,0$ —	$\frac{5^l,5}{4} = 2'',91 = E.$	$+ 1'',91$
	Ouest.	$B.\ 17,7 — 23,0$ — $A.\ 22,5 — 18,4$ —	$\frac{1^l,2}{4} = 1'',00 = O.$	
III.	Ouest.	$A.\ 20^l,8$ Est $19^l,6$ Ouest $B.\ 17,8 — 22,6$ —	$\frac{3^l,6}{4} = 3'',00 = O.$	$+ 1'',66$
	Est.	$B.\ 16,5 — 24,2$ — $A.\ 21,3 — 19,2$ —	$\frac{5^l,6}{4} = 4'',66 = E.$	

Dans les deux positions du limbe le tourillon à l'Ouest était le plus élevé, mais constamment moins lorsque le limbe se trouvait à l'Ouest. Par conséquent le pivot qui porte le limbe est le plus mince, et son rayon $= r'$ si l'autre $= r$. En prenant la moyenne, on a $u = 1'',52$. Mais comme $L = 11$ pouc. 8 lign. $= 140$ lign. et $2g = 2f = 90°$, il en résulte que $r — r' = 0,76.\ 140.\ \sin 1''.\ \frac{\sin^2 45°}{2 \sin 45°} = 53,2.\ \sin 1''.\ \sin 45° = 0,000182 = \frac{1}{5489}$ lign. et $dr = 0'',76.\ \frac{\sin^2 45°}{2 \sin 45°} = 0'',38.\ \sin 45° = 0'',27.$ La correction de chaque inclinaison donnée par le retournement du niveau est $\frac{1}{4} u = 0'',38$; c'est d'autant que l'axe de rotation du côté du limbe est plus élevé que d'après les indications du niveau

2. Instrument d'Ertel.

Il s'est trouvé semblablement dans 4 épreuves.

Expérience.	Limbe.	Niveau.	Tourillon à l'Ouest plus élevé.	E — O = u.
I.	Ouest.	A. 9',4 Est 11',6 Ouest B. 11,4 — 9,6 —	$\frac{0',4}{4} = 0'',23 = $ O.	+ 4",11
	Est.	B. 9,1 — 11,9 — A. 8,2 — 12,8 —	$\frac{7',1}{4} = 1'',34 = $ E.	
II.	Est.	A. 8',8 Est 12',2 Ouest B. 9,4 — 11,6 —	$\frac{5',6}{4} = 3'',29 = $ E.	+ 3",06
	Ouest.	B. 10,0 — 10,7 — A. 10,6 — 10,3 —	$\frac{0',4}{4} = 0'',23 = $ O.	
III.	Ouest.	A. 10',4 Est 10',4 Ouest B. 10,3 — 10,6 —	$\frac{0',5}{4} = 0'',17 = $ O.	+ 3",94
	Est.	B. 8,8 — 11,9 — A. 8,5 — 12,4 —	$\frac{7',0}{4} = 4'',11 = $ E.	
IV.	Est.	A. 8',2 Est 12',8 Ouest B. 8,0 — 13,2 —	$\frac{9',8}{4} = 5'',76 = $ E.	+ 5",30
	Ouest.	B. 10,3 — 10,7 — A. 10,3 — 10,7 —	$\frac{0',8}{4} = 0'',46 = $ O.	

Dans cet instrument le tourillon qui porte le limbe est aussi le plus mince. Le milieu des 4 valeurs de u est $= 4'',10$. Mais ici $2\,g = 90°$, $2\,f = 60°$ et $L = 8$ pouc. $= 96$ lign.; avec cela on trouve $r - r' = 2,05.\,96.\ \sin 1'' \times \frac{\sin 45°.\ \sin 30°}{\sin 45° + \sin 30°} = 0,000279$ lign. $= \frac{1}{3578}$ lign. et $d\,r = 2'',05.\ \frac{\sin 45°.\ \sin 30°}{\sin 45° + \sin 30°} = 0'',60$. La correction de chaque inclinaison indiquée par le niveau lorsqu'on le transpose est $2'',05.\ \frac{\sin 45°}{\sin 45'' + \sin 30°} = 1'',20$; c'est d'autant que l'axe réel de rotation du côté du limbe est plus haut que ne donne le niveau.

Il faut avouer que la précision que les artistes ont porté dans l'exécution des pivots d'égale épaisseur est étonnante. Mais il est encore plus
remarquable qu'un bon niveau indique les petites différences avec autant
de certitude.

VI. *Détermination de l'inclinaison de l'axe de rotation au moyen
de l'horizon artificiel.*

Quoique le niveau offre le moyen le plus commode et le plus général
pour déterminer l'inclinaison de l'axe de rotation, il est cependant important, pour un observateur qui voyage, de pouvoir se servir d'un autre ex-
pédient, surtout en cas que le tube de verre se casse. On peut alors avoir
recours à l'horizon artificiel, c.-à-d. à la surface réfléchissante et horizontale
d'un liquide tel que p. ex. le mercure.

L'image d'un objet, vue dans un miroir, et son lieu direct se trouvent
toujours dans un plan normal à la surface du miroir et passant par l'oeil.
Donc l'image d'une étoile réfléchie par l'horizon artificiel est située toujours
dans le même cercle vertical que l'étoile vue directement. Quand par
conséquent la ligne optique d'une lunette tourne autour d'un axe horizontal,
en quittant l'étoile, elle en rencontre l'image dans le miroir, si l'étoile est en
attendant immobile, ou du moins si elle ne change pas d'azimut. Le mouvement de l'étoile polaire est si lent, que dans l'intervalle de peu de secondes entre ces deux observations de l'image directe et réfléchie qui se
suivent aussi rapidement que possible, il est à peine perceptible pour une
lunette qui grossit faiblement. Ainsi en l'observant on a un moyen d'établir approximativement l'horizontalité de l'axe, même sans le secours du
niveau.

Qu'on observe le passage de l'étoile polaire par l'un des fils verticaux
du réticule, et qu'on dirige alors la lunette aussi vite que possible sur son

image dans l'horizon artificiel : si le fil retrouve encore ici l'étoile, l'axe est horizontal, abstraction faite du petit mouvement azimutal de l'étoile dans cet intervalle de temps.

Mais si le fil ne retrouve pas l'étoile, on changera l'inclinaison, à l'aide de la vis du pied située sous l'axe, de manière que par cette opération le fil se rapproche de l'étoile de la moitié de la distance. En répétant ce procédé sur un second fil, on pourra niveler l'axe, à une couple de secondes près. Il s'entend de soi-même que l'on peut commencer tout aussi bien par l'observation de l'image réfléchie. Mais l'horizon artificiel sert de même à déterminer la valeur de l'inclinaison de l'axe avec la plus grande rigueur, surtout lorsque cette inclinaison est petite. On observe l'étoile polaire p. ex. au premier fil directement, ensuite sur 3 fils par réflexion et au dernier fil encore directement. Cela fait, si l'on connaît le temps que l'étoile met à passer de chaque fil à celui du milieu, on trouve l'instant du passage par le fil moyen aussi bien pour l'étoile directe $= t$ que pour l'image réfléchie $= t + n''$ en temps. Si donc l'instrument était placé dans le méridien, exactement ou à peu près, on aurait l'inclinaison de l'axe $= \dfrac{7,5 \; n''. \; \cos \delta}{\cos z}$, δ et z désignant la déclinaison et la distance zénithale de l'étoile. On voit que le pivot Ouest est plus élevé, quand pour le passage supérieur n est positif, c.-à-d. quand l'étoile a été vue plus tard sur le fil moyen dans l'horizon ; et dans le passage inférieur, quand n est négatif. La formule ci-dessus convient à chaque étoile qui serait observée de la sorte ; mais la Polaire présente l'avantage du mouvement lent et pour de grandes hauteurs du pôle celui de la petite distance zénithale. L'influence de l'inclinaison de l'axe sur la direction de la ligne optique est en général d'autant plus grande, que l'étoile est plus rapprochée du zénith. On ne pourra donc pas faire usage de l'étoile polaire sous de petites latitudes, mais au lieu d'elle, pour déterminer l'inclinaison, il faudra choisir une étoile située plus près du zénith et de l'équateur céleste. Seulement, par telle étoile, la première correction de l'axe décrite plus haut est impraticable. Mais lorsqu'on a calculé l'inclinaison d'après le passage par les fils, tant direct que réfléchi, la correction peut se faire moyennant les vis du pied, quand on connaît la valeur d'un tour.

L'instrument d'Ertel ne se prête pas à des observations dans l'horizon artificiel, car à cause du cercle azimutal on ne peut descendre sous l'horizon que jusqu'à 35°. L'observateur voyageur, pourvu d'un tel instrument, doit être d'autant plus attentif à la conservation du niveau et il faut qu'il se munisse de tubes de réserve. Cependant il pourra toujours en cas de besoin déterminer l'inclinaison de l'axe à l'aide de l'horizon artificiel, quoique avec moins d'avantage, en faisant principalement usage, pour ce but, des étoiles circompolaires dans leur passage inférieur.

§. 6.

Rectification du *transit* de Troughton.

Les rectifications de l'instrument des passages sont de deux espèces, savoir : ou astronomiques, comme ayant rapport au pôle céleste, ou indépendantes de la position de l'instrument à l'égard du pôle. Ici nous allons considérer les dernières et par conséquent supposer que le point de l'horizon, par lequel le vertical de l'instrument doit passer, est donné, que l'observateur peut diriger le fil moyen du réticule sur ce point et que d'ailleurs il a rendu l'axe de rotation horizontal d'après les principes du paragraphe précédent.

I. *Rectification du foyer de la lunette.*

Le réticule doit se trouver au foyer commun de l'objectif et de l'oculaire, c.-à-d. que lorsque les fils se présentent bien distincts, l'image d'un objet infiniment éloigné paraisse aussi tout-à-fait nette. Aussitôt que les 4 vis *n* sur l'appareil *O* de l'oculaire sont relâchées, *O* se laisse glisser dedans, retirer et de même mouvoir circulairement. Quand on aura donc placé l'oculaire proprement dit de façon que les fils soient vus le plus distinctement, il faudra pointer la lunette sur un objet terrestre très éloigné et déplacer *O* jusqu'à ce que l'objet, ainsi que les fils, paraisse parfaitement bien tranché. De cette manière on fera coïncider les foyers du moins à très-peu près. Au lieu de l'objet terrestre il vaut mieux choisir une étoile brillante d'environ 30° de hauteur sur l'horizon pour pouvoir encore faire usage de l'oculaire direct. Aussitôt que la position de *O* est déterminée, on marquera le long de son bord un trait sur le tube principal *E*, afin de pouvoir retrouver le même ajustement.

11. *Rectification de l'axe optique.*

On entend ici proprement sous le nom d'axe optique la ligne de vision fixée par le fil moyen, au milieu des deux fils horizontaux. Il doit faire un angle droit avec l'axe de rotation. On dirige cette ligne de vision de la lunette exactement sur un objet bien net à l'horizon, en pratiquant l'ajustement précis moyennant la vis *h* fig. 2. Alors, on renverse le corps de la lunette dans les coussinets, c.-à-d. le tourillon qui reposait sur le coussinet droit passe sur le gauche. Dans cette nouvelle position on ramène la lunette vers le même objet, en la tournant sur ses pivots. Si la ligne optique est perpendiculaire à l'axe de rotation, l'objet sera encore exactement coupé par le fil. Mais si elle fait avec l'axe un angle de $90° + C$, après le renversement elle déviera en azimut de $2\,C$. On corrige l'erreur sur le châssis du réticule, en appliquant les deux clavicules x, x' sur les carrés des vis o, o' et en relâchant l'une des vis tandis qu'on serre l'autre jusqu'à ce que le fil s'approche de l'objet de sa demi-distance. Alors on pointe de nouveau exactement sur l'objet par le mouvement azimutal de l'instrument à l'aide de la vis h fig. 2 et l'on continue le renversement, jusqu'à ce que la ligne de vision indique juste le même point de l'horizon dans les deux positions.

III. Rectification de l'inclinaison du réticule.

Les 5 fils verticaux sont toujours à très-peu près parallèles entre eux et font avec les deux fils horizontaux des angles droits à très-peu près. L'inclinaison du réticule est rectifiée lorsque la ligne située au milieu des deux fils horizontaux est parallèle à l'axe de rotation, et que par conséquent les fils verticaux sont perpendiculaires à cet axe. Quand le fil moyen est pointé sur un objet terrestre, et que la lunette est mûe sur ses pivots, l'objet glissant en apparence le long du fil doit être exactement coupé tant à l'entrée dans la lunette, qu'à la sortie, si la position du fil est correcte. Mais si en faisant pivoter la lunette on trouve que l'objet quitte le fil, l'ajustement du réticule doit être modifié. Tant que les vis n ne sont pas serrées, on peut tourner toute la partie O, mais simplement avec la main. Il faut donc faire plusieurs essais jusqu'à ce que l'on obtienne la position exacte de O, c.-à-d. celle où l'objet ne quitte pas le fil. Aussitôt qu'on y est parvenu, on serre les vis n, mais toutefois en ayant soin que la rectification du foyer ne soit pas dérangée, c.-à-d. on tient toujours le bord antérieur de O en coïncidence avec le trait de la page 31, I.

REMARQUE. Lorsque l'instrument est placé dans le méridien et que l'axe est horizontal, l'inclinaison du réticule peut être éprouvée encore autrement. On pointe la lunette sur une étoile près de l'équateur, en sorte que sur le bord du champ elle paraisse juste entre les deux fils horizontaux. Si elle parcourt le champ toujours au milieu de ces fils, la position du réticule est correcte, sinon, elle doit être rectifiée par des essais. Ces derniers ne réussissent pas facilement pour cet instrument, parce que l'ajustement ne peut être exécuté qu'à la main.

IV. *Rectification du niveau r sur le cercle F des hauteurs.*

Quand l'axe repose dans les coussinets, on saisit le bras p par l'agrafe q et on le fixe. Mais cela doit se faire de manière qu'alors la bulle du niveau r s'arrête au milieu du tube de verre, et par conséquent se nivelle. Dans cette position, les verniers du bras qui porte le niveau doivent donner toujours la direction de la lunette par rapport à l'horizon ou au zénith, c.-à-d. la hauteur ou la distance zénithale. Les indications des verniers seront défectueuses, si l'ajustement du niveau sur le bras n'est pas rectifié.

Si l'on vise sur un objet de l'horizon, dans la position de l'instrument où le cercle gradué est à droite du tube, on amènera l'objet entre les fils horizontaux et après que le niveau se sera calé, on fera la lecture d'un seul ou des deux verniers, qui s'accordent toujours à très-peu près. Il donnera Z approximativement pour la distance zénithale de l'objet. On renverse après cela l'axe de façon que le cercle vienne à gauche et l'on fixe p de l'autre côté, en sorte que le niveau se cale encore. Si l'on pointe de nouveau le milieu des fils horizontaux de la lunette sur le même objet, on lira H à peu près égal à la hauteur.

En calculant $\dfrac{90^{0} - (Z + H)}{2} = c$, il vient pour la vraie distance zénithale et hauteur $Z' = Z + c$ et $H' = H + c$. En relâchant donc alors la presse q, tournant le bras p jusqu'à ce que le vernier indique cette fois $H + c$, lorsque la lunette est exactement pointée sur l'objet, et fixant ensuite p, le vernier donnera la hauteur correcte qui convient à l'objet. Mais alors le niveau n'est plus calé, il faut donc le corriger en le nivelant à l'aide de la vis s. Je vais éclaircir cela par un exemple. Pour la flèche d'une tour il s'est trouvé :

avec le cercle à droite $Z = 85° 33'$

„ „ à gauche $H = 4° 57'$

$Z + H = 90° 30'$, par conséquent $c = -15'$.

Donc $Z' = 85° 33' - 15' = 85° 18'$ et $H' = 4° 57' - 15' = 4° 42'$.

Quand l'objet est sous l'horizon, il faut continuer la lecture du limbe à droite en dépassant 90°, ce qui donne une distance zénithale plus grande que 90°, et pour le cercle à gauche une hauteur négative.

Si l'on avait p. ex. pour le cercle à droite $Z = 90° 35'$

„ „ à gauche $H = -0° 5'$

on aurait $Z + H = 90° 30'$ et $c = -15'$,

d'où $Z' = 90° 35' - 15' = 90° 20'$ et $H' = -0° 5' - 15' = -0° 20'$.

§. 7.

Rectification de l'instrument des passages d'Ertel.

I. *Rectification des axes.*

L'artiste a pris soin que les deux axes de l'instrument, le vertical $d\,e$ traversant le trépied et l'horizontal D fassent à très-peu près un angle droit. Dans l'instrument de l'observatoire de Dorpat, l'angle des deux axes est de 90° 0' 5". Si donc l'un des axes est exactement vertical, l'autre, dans toutes les positions qu'il peut prendre par la rotation de la partie supérieure autour du premier axe, ne déviera de l'horizontalité que de peu de secondes. Ainsi la première rectification de notre instrument, c'est que l'axe $d\,e$ soit ajusté dans la position verticale. A cet effet, on dégage les agrafes g, et l'on tourne la partie supérieure de manière que l'axe D devienne parallèle à la ligne de jonction de deux vis a du trépied, on pose

*

ensuite le niveau sur l'axe, et on le cale en maniant l'une des deux vis du trépied. Alors on tourne de 180° la partie supérieure mobile de l'instrument. Si après ce retournement la bulle se repose encore entre les mêmes traits, l'axe vertical aura dans cette direction la position requise. Mais si l'on trouve une différence dans l'état de la bulle, on en corrige une moitié à l'une des deux vis du pied, et l'autre à la vis η du niveau. Ici se présente encore un avantage essentiel, quand la vis du pied porte une division, car on produit le mouvement complet à l'aide de cette vis jusqu'à ce que la bulle se nivelle, et ensuite on fait revenir la vis de la moitié sur ses pas. Lorsque l'axe *de* est rectifié dans le sens de ces deux vis, on tourne la monture supérieure de 90° et l'on effectue, d'après le même procédé, l'ajustement vertical de l'axe dans la seconde direction, moyennant la troisième vis du pied. Si le mouvement de celle-ci a été considérable, il sera bon de répéter l'opération dans les deux directions. Quand plus tard la partie supérieure est fixée dans un cercle vertical quelconque, il est facile de rectifier parfaitement l'axe horizontal, ou d'en évaluer l'inclinaison, d'après les règles du §. 5.

II. *Rectification du foyer de la lunette.*

Comparez le §. 6: 1.

Les rectifications qui ont rapport à la netteté des images produites par la lunette, sont de la plus grande importance, surtout si l'instrument est destiné pour la détermination des longitudes par les passages de la Lune, où le demi-diamètre de cet astre entre toujours en considération. Aussitôt que le foyer de l'objectif ne coïncide pas avec le réticule, le demi-diamètre de la Lune paraîtra trop grand, si les fils sont vus distinctement, et par là la détermination de la longitude sera affectée d'une manière constante, tant qu'on observera le même bord de la Lune. C'est pour cela qu'on

doit recommander à tous les observateurs la rectification la plus rigoureuse
des foyers. Le petit tube interne de m, qui porte le réticule, doit être
ajusté de sorte que l'oculaire mobile par lui-même dans r donne des fils
tout-à-fait bien tranchés, tant aux myopes qu'aux presbytes. L'emploi de
la clef fig. 8 pour le mouvement du tuyau mentionné est déjà expliqué
plus haut, page 15. Après cela on glisse le tube entier m jusqu'à ce que
le foyer de l'objectif coïncide avec le réticule. Aussitôt que l'une des vis
q est relâchée, m peut recevoir un doux mouvement sur n. La coïncidence de l'image bien distincte, d'une étoile brillante, avec les fils vus
nettement est encore ici l'indice de l'ajustement exact. Dans l'instrument
d'Ertel cette rectification peut se pratiquer avec plus de commodité et de
rigueur, à cause du glissement délicat des parties les unes sur les autres.

III. *Rectification du prisme et de la ligne optique par le moyen du prisme.*

Un rayon lumineux partant du centre de l'objectif et renvoyé par la
surface postérieure réfléchissante du prisme au centre du réticule (point m
pl. I. fig. 4) forme la ligne optique. Celle-ci doit donc être considérée
comme rectifiée,

> a) si elle tombe perpendiculairement sur les deux autres surfaces
> du prisme ;
>
> b) si sa partie antérieure fait un angle droit avec l'axe de rotation.

Quand la condition a) n'est pas remplie, la netteté de l'image au foyer
disparaît. On pointera donc la lunette sur une étoile brillante et l'on exa-
minera si elle offre au milieu du champ de la lunette une image parfaitement ronde et bien tranchée. Si l'image n'est pas ronde, ou est alongée
d'un côté, le prisme doit être tourné autour de l'axe du tube objectif. En
dégageant un peu les trois vis γ, l'emboîtement μ qui porte le prisme, se

laisse tourner dans l'ouverture du cube moyennant les deux vis δ, dont on relâche l'une et serre l'autre. On cherche après cela une position de l'emboîtement μ, où l'image de l'étoile paraisse le plus distinctement et le plus uniformément limitée. On fixe ensuite les vis δ et γ.

Il serait presque plus sûr de produire d'abord, en tournant dans un sens, une image un peu irrégulière, de donner lieu ensuite à une anomalie de l'image à peu près aussi grande en sens contraire, par un mouvement opposé, de mesurer la différence des deux ajustements par les tours de l'une des vis δ, de mouvoir l'emboîtement jusqu'à la position moyenne, et de l'y fixer à l'aide de ces mêmes vis.

Pour cet instrument on reconnaît aussi par le renversement si la ligne de vision fait avec l'axe un angle droit. Comparez le §. 6. II. Dans cette opération il faut serrer les deux vis g et prendre toutes les précautions, afin que pendant le renversement la position de la monture demeure invariable. Si l'on trouve qu'après le renversement la ligne visuelle du fil moyen n'atteint plus exactement le même point qu'auparavant, on fait la correction par les 3 vis α et α' qui traversent l'emboîtement μ. On relâche α et l'on serre les deux autres α', ou l'on dégage les deux vis α' et l'on serre α; ensuite s'il le faut on fixe le tout à l'aide de β. On donne la dernière correction en tournant un peu α de l'un ou de l'autre côté avec une cheville, sans plus toucher aux vis α' et β et avec un peu d'habitude et de soin on parviendra à une rectification si précise, qu'il ne restera plus aucune différence de direction perceptible dans les deux positions de l'instrument.

IV. *Rectification de l'inclinaison du réticule.*

Il a été dit plus haut, page 15, que l'on effectue le premier ajustement du réticule en tournant le tuyau interne de m avec la clef fig. 8.

La rectification plus exacte peut être pratiquée ici avec beaucoup de commodité, parce qu'à l'aide des deux vis q on peut communiquer au tube m un mouvement de rotation autour du tube invariable n. Donc, lorsque l'axe vertical est rectifié et que les presses g sont desserrées, on pointe sur un objet convenable à l'horizon, de manière qu'il paraisse au bord entre les fils horizontaux, après quoi l'on fait pivoter la monture supérieure de l'instrument en azimut sur son axe vertical. Alors, si l'objet reste toujours jusqu'à l'autre bord du champ sur la même ligne moyenne entre les fils, la position du réticule est bonne; dans le cas contraire on fera jouer les vis q, jusqu'à ce qu'on ait satisfait à cette condition. La ligne du milieu des fils horizontaux sera rendue par là parallèle à l'horizon.

On peut encore rectifier dans cet instrument la position des fils d'après la méthode exposée dans la remarque de la page 33, au moyen d'une étoile à l'équateur, et même avec toute aisance et sûreté, parce que les vis q comportent un ajustement délicat. Si donc une étoile équatoriale entre sur le bord du champ au milieu des deux fils horizontaux, l'instrument étant placé à peu près dans le méridien, elle devra conserver ce milieu jusqu'à sa sortie si l'ajustement est correct, ou l'avoir quitté dans le cas contraire. Dans ce cas on tourne le tube m moyennant q de la moitié de la déviation. Si l'étoile croise le fil moyen juste au milieu des fils horizontaux, on tourne m à l'aide des vis q de façon que l'étoile ne quitte plus ce milieu et y paraisse encore à sa sortie.

V. Rectification du cercle des hauteurs.

Le limbe étant dans le méridien à l'Ouest de la lunette, sa graduation suit la direction du zénith au point Sud et va depuis 0 jusqu'à 360°. Ainsi pour avoir d'un côté du zénith les distances zénithales, et de l'autre leurs complémens à 560°, le lieu du zénith, c.-à-d. la lecture qui correspond à la ligne de vision dirigée vers le zénith, doit être$=0$. Pour distinguer les deux index sur les petites lames l, que l'on emploie dans les deux états différents de l'instrument, on les désignera par I et II. Alors il sera possible de rectifier le cercle des hauteurs, qu'on peut faire tourner sur son axe et fixer par l'écrou k, par rapport à l'index I; cela fait, il faudra déterminer l'erreur de l'index pour le repère II, qui ne sera $=0$ que lorsque la position de l'instrument étant rectifiée, les lignes tirées depuis l'axe horizontal de rotation jusqu'aux deux index, seront également inclinées sur la verticale.

Dans la position I, c.-à-d. quand le cercle est avec l'index I, on dirigera la lunette au zénith par estime, et l'on tournera le limbe sur son axe, de sorte que l'index vienne sur zéro. On pointera ensuite la lunette sur un objet terrestre et l'on fera la lecture correspondante, le cercle étant à gauche $= G$. Après avoir tourné l'instrument en azimut de 180°, soit pour le même objet et le cercle à droite, la lecture D. On aura la distance zénithale $\frac{1}{2}(D - G)$ et le lieu du zénith $\frac{1}{2}(D + G)$. Cela fait, on doit dégager le cercle et le déplacer jusqu'à ce qu'il donne immédiatement la distance zénithale exacte. Que l'on renverse l'axe après cette opération et qu'on répète la double observation de la distance zénithale dans la position II, on connaîtra aussitôt la correction de l'index II. Il est inutile de dire qu'avant cette expérience l'axe vertical de rotation doit être rectifié. *Exemple*: Il s'est trouvé pour l'instrument que nous possédons, en pointant sur un moulin à vent éloigné de 15 verstes *):

*) Mesure russe : 1 verste $= 3500$ pieds angl. (N du tr.)

A l'index I.

Limbe à gauche ou $G = 271^\circ\ 12'$
Limbe à droite „ $D = 91^\circ\ 2'$

$$\overline{D + G =\quad 2^\circ\ 14'}; \tfrac{1}{2}\,(D + G) =\quad 1^\circ\ 7' = \text{lieu du zénith.}$$
$$D - G = 179^\circ\ 50'; \tfrac{1}{2}\,(D - G) = 89^\circ\ 55' = \text{distance zénithale.}$$

Je déplaçai alors le cercle de manière que l'index donna à l'estime $89^\circ\ 55'$ et je répétai l'observation :

$$D =\quad 89^\circ\ 55'$$
$$\underline{G = 270^\circ\ 8'}$$
$$\overline{D + G =\quad 0^\circ\ 3'}; \tfrac{1}{2}\,(D + G) =\quad 0^\circ\ 1',5 = \text{lieu du zénith.}$$
$$D - G = 179^\circ\ 47'; \tfrac{1}{2}\,(D - G) = 89^\circ\ 53',5 = \text{distance zénithale.}$$

Le cercle était donc rectifié jusqu'à peu près $1',5$. Alors je transposai l'instrument de sorte que l'index II vint au cercle. Je trouvai ainsi pour le même objet :

$$G =\quad 89^\circ\ 36'$$
$$\underline{D = 269^\circ\ 46'}$$
$$\overline{G - D = 179^\circ\ 50'}; \tfrac{1}{4}\,(G - D) = 89^\circ\ 55' = \text{distance zénithale.}$$
$$G + D = 359^\circ\ 22' + 360^\circ.$$

$\tfrac{1}{2}\,(G + D) = 359^\circ\ 41' = \text{lieu du zénith, trop petit de } 19'$. Pour pointer sur une étoile on doit donc constamment diminuer de $19'$ la lecture calculée avec le lieu du zénith 0, et placer l'index II sur ce nombre. Cela posé, si la distance zénithale d'une étoile était $40^\circ\ 12'$, l'index devrait venir sur

$$40^\circ\ 12' - 19' =\quad 39^\circ\ 53'$$
$$\text{ou } (360^\circ - 40^\circ\ 12') - 19' = 319^\circ\ 48' - 19' = 319^\circ\ 29'.$$

§. 8.

Comparaison des deux instruments de Troughton et d'Ertel, et établissement du premier dans le méridien.

D'après les descriptions et corrections précédentes de nos deux instruments, il est facile d'en comparer les qualités relatives.

L'instrument de Troughton a l'avantage sur celui d'Ertel, quant à la force optique. Le diamètre de l'objectif du premier est de 18 lignes, tandis qu'il n'est que de 13 lignes dans l'autre. La clarté des étoiles vues dans ces deux instruments est dans le rapport de $18^2 : 13^2$ ou à peu près $= 2 : 1$. On verra donc dans le premier une étoile de septième grandeur à peu près aussi clairement qu'une de sixième dans le second. Cette supériorité n'est qu'une suite de la dimension plus grande. Sous tout autre rapport l'instrument d'Ertel est préférable. Il présente une liaison plus intime et plus solide de toutes les parties, il comporte une rectification plus délicate et permet une observation également commode dans toutes les hauteurs sur l'horizon, et principalement, une fois placé, un emploi tout-à-fait général dans chaque vertical. L'incommodité de l'observation très près du zénith rend l'instrument de Troughton presque inutile pour la détermination de la hauteur du pôle dans le premier vertical, et de cette manière il ne se prête qu'à l'usage dans le méridien, pour déterminer l'heure et l'ascension droite de la Lune pour la longitude. ¡Mais dans les contrées équatoriales, il n'est pas possible d'en faire usage pour observer la Lune près du zénith, comme malheureusement M. Preuss en a fait l'expérience pendant son voyage. Outre cela, le premier placement de l'instrument dans le méridien est très difficile à cause du mouvement azimutal limité, tandis qu'il est possible d'ajuster l'instrument d'Ertel, en peu de minutes de temps, dans chaque vertical à volonté, avec une précision d'une ou de deux minutes en arc.

Il existe deux moyens commodes de placer l'instrument de Troughton à peu près dans le méridien. Mais ils supposent le secours d'un autre instrument, qui d'ailleurs ne peut pas manquer, car l'observateur doit avoir un appareil pour déterminer la hauteur du pôle. J'admets que ce soit un sextant à réflexion. L'observateur pourra acquérir bientôt avec ce moyen une connaissance de la correction de son horloge, par des hauteurs absolues ou correspondantes d'un astre, principalement du Soleil. A l'aide de la marche de l'horloge, il calculera d'avance l'instant de la culmination prochaine du Soleil et placera l'instrument de sorte que le centre du Soleil croise le fil moyen à l'heure calculée, en conservant en même temps l'horizontalité de l'axe. Pour atténuer l'incertitude du pointement sur le centre du Soleil, on calcule les instants de la culmination de son bord occidental et oriental. On a par là l'avantage de pouvoir exécuter, en tournant tout l'instrument sur ses pieds, le placement grossier d'après le premier bord du Soleil, et immédiatement après, l'ajustement plus délicat en azimut, d'après le second bord, moyennant la vis h qui meut l'un des coussinets. Ce n'est qu'alors qu'on peut appliquer les coquilles b sous les 3 pieds, en soulevant toujours l'instrument par un pied et en le laissant reposer sur les deux autres. Par là, comme par le mouvement grossier précédent sur la base, la position horizontale de l'axe de rotation sera troublée et devra être corrigée par le niveau. Donc pour venir complètement dans le méridien et par conséquent exactement rectifier l'azimut à l'aide de la vis h, il faudrait attendre jusqu'à la suivante culmination visible du Soleil. Si ce moment était calculé d'avance avec une précision d'une seconde en temps, on pourrait au moyen de la vis h s'approcher, avec une exactitude d'à peu près 2 secondes en temps, du méridien dans la région où le Soleil l'entrecoupe. Pour éviter la perte considérable de temps qui résulte de l'expectation de plusieurs culminations du Soleil , il est beaucoup plus avantageux de se servir des étoiles fixes dont les ascensions droites apparentes sont données dans les éphémérides. Si l'horloge de l'observateur est réglée sur le temps sidéral, et si la correction en est connue, il pourra aussitôt assigner le temps de la culmination de chaque étoile fixe. Mais aussi on trouve facilement l'instant de la culmination de chaque étoile, pour une horloge qui va d'après le temps moyen, pourvu que sa correction et sa marche soient connues. Nommant α l'ascension droite de l'étoile, σ le temps sidéral au midi moyen pour le méridien de l'éphéméride, l la longitude du lieu à l'Est de ce méridien exprimée en temps, le temps moyen m de la culmination de l'étoile sera donné par $m = \alpha - \sigma - r$, où r est la réduction du temps sidéral au temps moyen pour $\alpha - \sigma - l$ temps sid. , que l'on trouve par la table auxiliaire connue. Si donc la correction de l'horloge au midi moyen est $+ u$, et sa variation journalière du, on obtient pour le temps de la culmination de l'étoile d'après l'horloge

$$m' = m - u - \frac{m.\, du}{24 \text{ heures}}.$$

Exemple: Le 31 Mars 1831 on a trouvé à Dorpat la correction d'un chronomètre d'Arnold sur le temps moyen au midi moyen $+ 5' 41'',3 = u$. L'horloge était chaque jour en retard sur le temps moyen de $5'',6$, d'où $du = + 5'',6$. On cherche la culmination de l'étoile α du Lion d'après l'horloge.

On a par le Морисослоиъ (almanach de la Marine russe) le 31 Mars à Greenwich $\sigma = 1^h 19' 45'',32$, $\alpha = 9^h 59' 22'',83$. La longitude de Dorpat $l = 1^h 46' 55'',6$ comptée de Greenwich.

$$\alpha - \sigma = 8^h 39' 37'',51 \qquad \alpha - o - l = 6^h 52' 41'',9.$$

$$m = \alpha - \sigma - r = 8^h 38' 29'',90 \qquad\qquad r = \quad 1' \quad 7'',61.$$

$$- u = - \quad 5 \quad 41, 30$$

$$- \frac{8,64.\, 5,''6}{24} = \quad - \quad 2, 02$$

$$m = 8^h 32' 46'',58.$$

Ayant donc calculé d'avance le temps de la culmination de plusieurs étoiles, on fera l'établissement grossier d'après la première, ensuite on mettra les coquilles sous les pieds, et après avoir nivelé l'axe, on corrigera l'azimut d'après les étoiles suivantes à l'aide de la vis *h*. Les étoiles plus rapprochées du pôle, surtout dans leur culmination inférieure, sont par la lenteur de leur mouvement celles qui rendent l'ajustement le plus commode. Dans des contrées si septentriönales que le Soleil ne se couche pas au coeur de l'été, on est restreint au Soleil pour le premier placement de l'instrument. Mais quand l'instrument est une fois dans la proximité du méridien, on y apercevra facilement les étoiles de première grandeur à leur entrée dans le champ, parce qu'alors leur distance zénithale ne diffère presque pas de celle qui a lieu au méridien.

La méthode suivante de l'établissement de l'instrument dans le méridien est sous plusieurs rapports la plus commode pour le transit de Troughton. L'observateur à la station du transit doit déterminer de la manière connue, avec son sextant à réflexion, l'azimut d'un objet terrestre. Comme il connaît d'avance à peu près la hauteur du pôle et la marche de son chronomètre, l'observation de quelques hauteurs absolues du Soleil et de quelques distances entre le Soleil et l'objet suffit pour ce but. L'angle trouvé par le calcul pour l'azimut, se transporte après cela à l'aide du sextant en partant du lieu de l'objet, et l'on verra dans la lunette du sextant le point de l'horizon qui correspond au méridien, directement ou par réflexion, selon que le méridien est dans les limites de 90°, à droite ou à gauche de l'objet; si l'on ne trouve pas ici un objet suffisamment distinct, on fera planter un signal dans cette direction.

REMARQUE. La meilleure position de l'objet dont on détermine l'azimut est Nord - Est ou Sud - Ouest, afin qu'en transportant l'azimut à partir de l'objet, le méridien paraisse directement dans la lunette.

On exécutera d'après cette mire le premier établissement de l'instrument, et ainsi, avec certaines précautions, on sera à très-peu près dans le méridien. Si la détermination de l'azimut n'a été que très imparfaite, l'ajustement ultérieur dans le méridien se fera de nouveau par le pointement du fil moyen sur une étoile au moment de sa culmination calculée.

REMARQUE. Quand le transit de Troughton est établi aussi exactement, que son pied ne doive plus être déplacé, il est bon de charger ce dernier de poids, afin de rendre sa position plus stable. On glissera donc de chaque côté, entre l'empanon C et le montant B, une petite planche qui reposera sur l'anneau du trépied, pour les charger de poids égaux. Des barres de plomb plates, pesant de 10 à 20 livres, de chaque côté, sont ce qu'il y a de mieux.

Dans ce qui va suivre, je traiterai en détail de l'usage de l'instrument d'Ertel en indiquant plus particulièrement les observations astronomiques que l'on doit faire dans les différents cas. Il est évident que les règles prescrites pour cet instrument placé dans le méridien conviennent également à tout autre, par conséquent aussi au transit de Troughton. Mais ce qui sera dit par rapport à l'instrument, quand il est ajusté dans le premier ou quelque autre vertical, hors du méridien, n'est d'aucune application, ou du moins d'une application très limitée pour le transit de Troughton, à cause de sa construction.

§. 9.

Usage de l'instrument des passages d'Ertel.

On a traité dans le §. 7 de l'établissement et de la rectification de l'instrument indépendamment des observations astronomiques, c.-à-d. en tant qu'ils dérivent de la structure de l'instrument. A présent nous devons étudier les observations astronomiques à faire avec l'instrument et les corrections qui en dépendent.

I. *Direction de l'instrument dans un vertical quelconque.*

Les moyens exposés ci-dessus pour diriger l'instrument de Troughton dans le méridien sont également applicables à celui d'Ertel. Mais la graduation du cercle horizontal en facilite l'usage. Ainsi, au lieu de faire des essais multipliés pour amener au méridien le grand cercle de l'instrument, on l'y introduit tout d'une fois aussi près que possible, et l'on observe alors le temps du passage d'un astre par le fil moyen. Nommons ce temps s, et celui de la culmination calculé s', la distance du grand cercle de l'instrument au méridien pour la distance zénithale de l'étoile $= z$ sera $15 (s' - s) \cos \delta$ et son azimut $\frac{15 (s' - s) \cos \delta}{\sin z}$. C'est l'arc dont l'instrument doit être tourné en azimut, sur son axe vertical, ou dans la direction du mouvement de l'étoile, si l'expression ci-dessus est positive, savoir $s' > s$, ou en sens opposé si $s' < s$. Soit p. ex. le 18 Mai 1832 à Dorpat la culmination du Soleil calculée d'avance à $0^h 23' 17'',5 = s'$, le passage observé dans l'instrument à $0^h 23' 39'',7 = s$, on aura à cause de la hauteur du pôle $\varphi = 58°23'$ et $\delta = + 19°36'$, $z = \varphi - \delta = 38°47'$ et l'azimut de l'instrument $\frac{15. 22'',2 \cos 19°36'}{\sin 58°47'} = 496'' = 8',3$ à l'Ouest. C'est d'autant que l'instrument doit être tourné à l'Est à l'aide de la division du cercle azimutal.

Ici la connaissance de l'heure est supposée exacte à une ou peu de secondes près, quand on fait usage d'une étoile proche de l'équateur. Cette condition disparaît aussitôt que l'on se sert de l'étoile polaire α Ursae minoris. Même lorsque l'astronome arrive d'un endroit très éloigné, l'incertitude dans la marche de l'horloge et dans la longitude ne produira pas facilement pour 'la correction du chronomètre une erreur de plus de $2'$ en temps. Une erreur de cette grandeur permet encore en tout temps de trouver même sous le cercle arctique la direction du méridien, à l'aide de l'étoile polaire, avec une précision de 2 minutes en arc. On amène l'instrument d'ailleurs rectifié, dans le vertical de la Polaire, en le faisant pivoter sur son axe vertical, et l'on observe à l'horloge le passage de l'étoile par le fil moyen. On changera le temps de l'horloge en temps sidéral [*]) et l'on obtiendra moyennant l'ascension droite de l'étoile Polaire, l'angle horaire en temps $= t$. Par la hauteur du pôle $= \varphi$, l'angle horaire $T = 15\,t$ et la déclinaison $= \delta$, on trouve l'azimut A par la formule connue

$$\tan A = \frac{\sin T}{\cos \varphi . \tan \delta - \sin \varphi . \cos T}.$$

On obtient A plus commodément et avec une exactitude suffisante d'après les tables ci-jointes I, II et III. La première donne avec l'angle horaire pris pour argument une quantité P qui est la même pour toutes les hauteurs du pôle, la seconde une quantité Q pour l'angle horaire et la hauteur du pôle φ, et l'azimut de l'étoile polaire, compté du point Nord, est

$$A = (P + Q)\sec \varphi.$$

Les angles horaires se rapportent à la culmination supérieure, ceux à l'Est donnent un azimut oriental, ceux à l'Ouest un occidental. La déclinaison de l'étoile polaire a été supposée $= 88° 28' 0''$ dans le calcul des tables. La table III sert à rendre les tables I et II propres à chaque déclinaison de l'étoile polaire depuis $88° 26' 0''$ jusqu'à $88° 30' 0''$. Elle donne une quantité R pour chaque déclinaison de l'étoile polaire comme argument et l'on a:

$$\log A = \log (P + Q) + \log \sec \varphi + R.$$

---

[*]) Ici se manifeste encore l'avantage que procure un chronomètre réglé sur le temps sidéral. Les astronomes voyageurs, qui ne sont pas restreints comme les marins à l'Astronomie au sextant, devraient se munir préférablement de chronomètres à temps sidéral. Ils s'épargneraient par là beaucoup de temps perdu, ils éviteraient des bévues et gagneraient dans le calcul.

Lorsqu'il ne s'agit pas d'une grande rigueur, et que la déclinaison ne diffère pas d'une minute de 88° 28', R peut être négligé. Mais en l'employant, on obtiendra, même pour de hautes latitudes, à l'aide des tables, l'azimut exact à une couple de secondes près.

Exemple. Soit observé le 1 Janvier 1858 pour la hauteur du pôle 59° 56', le passage de l'étoile polaire par le fil moyen de l'instrument des passages à $7^h 34' 15''$ d'un chronomètre à temps sidéral, dont la correction est $+ 2' 35''$: on demande l'azimut de l'instrument. La déclinaison est 88°27'4''.

Heure du chron. $7h. 34' 15''$

corr.	$+ 2\ 35$
temps sid.	7 36 50
asc. dr.	1 1 23
angle hor.	6 35 27

Avec l'angle horaire on trouve :

Par la table I. $P = 90',92$

,, ,, ,, II. $Q = - 0,73$

$P + Q = 90,19$

$\log (P + Q) = 1,95516$

$\log \sec \varphi = 0,30016$

par la table III. $R = \quad + 439$

$\log A = 2,25971$

$A = 181',85 = 3°1'51''$ à l'Ouest.

Le calcul trigonométrique avec 5 décimales donne $3° 1' 51''$, résultat qui s'accorde exactement avec le précédent.

Aussitôt que l'azimut de l'étoile polaire, et par conséquent celui du grand cercle de l'instrument, est connu, on tourne la monture supérieure de la valeur de l'angle trouvé, afin que l'instrument vienne dans le méridien. En supposant que dans l'exemple précédent l'index du cercle ait montré 355°23', on obtient 355°23'+3° 2'=358° 25' et 178° 25' pour les lieux de l'index correspondants à la direction de l'instrument dans le méridien, et 88° 25' et 268° 25' pour les lieux relatifs au premier vertical. On voit que l'on peut se diriger au bout de quelques minutes dans un vertical quelconque, et cela avec une précision correspondante à l'exactitude de la division, donc à environ une minute en arc près.

II. *Détermination de la distance des fils latéraux au fil moyen.*

Chaque passage d'une étoile, observé par tous les 5 fils, peut servir à déterminer la distance des fils latéraux au fil moyen, aussitôt que pour le grand cercle décrit par ce fil, la distance au pôle céleste est donnée. L'observation est la plus sûre, quand les fils sont perpendiculairement croisés par l'étoile. Donc pour évaluer la distance des fils on fera principalement usage des observations méridiennes. Si k est le temps qu'emploie une étoile dont la déclinaison $= \delta$, pour passer du fil latéral au moyen, et 15 l la distance du fil en arc, nous aurons pour un instrument placé dans le méridien :

$$l = k . \cos \delta - 37,5 \ k^3 . \cos \delta . \sin^2 1'',$$

et réciproquement :

$$k = l . \sec \delta + 37,5 \ l^3 . \sec^3 \delta . \sin^2 1''.$$

On n'a égard au second terme de cette formule que quand $\delta > 80°$.

Pour déterminer l, les étoiles plus rapprochées du pôle présentent évidemment cet avantage, que dans le sens absolu, l'observation de ces étoiles est plus exacte à raison de la lenteur de leur mouvement. Cet avantage n'est d'ailleurs considérable que pour de fortes amplifications. Nous voyons en effet par la table de la page 17, que pour un grossissement de 180 fois, l'erreur probable d'un passage d'une étoile à l'équateur est $0'',074$ en temps, tandis que celle de l'étoile polaire est $0'',596$, donc pour le lieu absolu de l'étoile $1'',11$ et $8'',94. \cos 88° 27' = 0'',24$ en arc, de sorte que la Polaire présente une précision plus que quadruple. Avec une amplification de 30 fois les deux erreurs probables étaient $0'',120$ et $3'',550$

en temps, ou pour le lieu absolu 1″,80 et 1″,44, ce qui rend ici l'avantage de l'étoile polaire très insignifiant. Donc pour déterminer la distance des fils latéraux dans les petits instruments, on pourra tirer parti de toutes les étoiles avec une précision à peu près égale, et l'on gagnera beaucoup en temps, si l'on prend les étoiles équatoriales. En peu d'heures on verra facilement passer 25 étoiles de la région équatoriale, et l'on obtiendra ainsi l'intervalle entre les fils latéraux et le fil moyen avec une exactitude telle, que l'erreur probable ne montera qu'à $\frac{1″,8 \cdot \sqrt{2}}{5} = 0″,51$ en arc ou $0″,034$ en temps pour l'équateur.

III. *Détermination de l'erreur de la ligne optique par des observations astronomiques*

Il a été expliqué page 37, de quelle manière la ligne optique de la lunette, déterminée par le fil moyen, est rendue perpendiculaire à l'axe de rotation. S'il reste encore quelque erreur dans cette rectification, elle doit être ou évaluée par des observations immédiates, ou éliminée du résultat final moyennant une liaison convenable des observations. Les étoiles plus approchées du pôle se meuvent si lentement, que quand l'instrument se trouve dans le méridien, l'axe peut être renversé dans les coussinets, pendant que l'étoile avance d'un fil à l'autre. Donc après avoir observé dans une position des pivots le passage d'une étoile par les deux premiers fils, on renverse l'axe et l'on observe dans ce nouvel état le passage par les trois derniers fils. Comme par ce qui précède, les distances des fils au fil moyen $= 15\,l$ sont connues, et que le temps $= k$, nécessaire pour réduire chaque fil au fil du milieu, s'obtient de l par la déclinaison δ de l'étoile, nous aurons pour l'instant où l'étoile a passé par le fil moyen dans les deux positions de l'axe, une double et triple valeur, dont les termes moyens soient t et t'. L'erreur de la ligne optique sera donc $c = \frac{1}{2}(t' - t)\cos\delta$ en temps de l'équateur ou $15 c = 7,5 \ (t' - t) \cos \delta$ dans le grand cercle. Les deux étoiles polaires α et δ de la petite Ourse se prêtent particulièrement à cette détermination, comme aussi toutes les étoiles dont la déclinaison $> 70°$, quand on omet l'observation du fil moyen. Les étoiles équatoriales, parce qu'elles traversent rapidement le champ de la lunette, ne peuvent pas être employées pour ce but. La valeur de $15 c$ ainsi trouvée suppose l'égalité parfaite des diamètres des deux tourillons; s'il y existe une différence dr (voyez page 26), la déviation de la ligne optique de la perpendiculaire à l'axe, quand elle s'incline du côté objectif vers le tourillon plus mince, doit être augmentée de $\frac{dr}{\sin g} \cos z$, et diminuée d'autant dans le cas contraire, $2 g$ désignant comme pag. 26 l'angle des coussinets et z la distance zénithale de l'étoile. Dans nos deux instruments $dr = 0'',27$ et $0'',60$ (pages 27 et 28). Il en résulte que p. ex. à Dorpat où les distances zénithales de l'étoile polaire dans les deux culminations sont de $30°4'$ et $33°10'$, comme $g = 45°$ dans les deux instruments, les deux valeurs de $15 c$ obtenues par le renversement pendant les culminations de l'étoile polaire, doivent être modifiées de $\frac{0'',27 . \cos 30°1'}{\sin 45°}$ et $\frac{0'',27 . \cos 33°10'}{\sin 45°}$, ou de $0'',33$ et $0'',32$ pour l'instrument de Troughton et de $0'',73$ et $0'',71$ pour celui d'Ertel, en ayant égard aux signes.

IV. *Distinction des positions de l'axe.*

Le cercle vertical d'une côté de l'axe se trouve ou auprès de l'index I, ou auprès de l'index II, ce qui sert à distinguer la position I de celle II. Aussitôt qu'il est dit que pour l'établissement dans le meridien l'index I était à l'Est ou à l'Ouest, et qu'il était au Nord ou au Sud pour l'établissement dans le premier vertical, toute incertitude sur la situation des parties de l'instrument disparaît. Le plus simple est de désigner seulement chaque

fois la position du limbe par *L. E* et *L. O* pour l'usage de l'instrument
dans le méridien, par *L. S* et *L. N,* pour le premier vertical. La distinction de ces positions est essentielle, parce qu'elles déterminent le signe de
la correction de la ligne optique, de même que la suite des distances entre
les fils latéraux I, II, IV, V et le fil moyen III, quand on marque les fils
pour chaque étoile par les chiffres I à V d'après l'ordre des passages.

La position de l'axe à l'égard des régions du ciel peut évidemment
être changée de deux manières, premièrement en renversant la lunette
dans les coussinets, et secondement en tournant toute la monture supérieure
de 180° autour de l'axe vertical, conséquemment par renversement et par
retournement. Pendant le renversement l'azimut reste tout-à-fait le même,
et l'inclinaison de l'axe ne peut varier que de peu, par l'inégale épaisseur
des tourillons. Après le retournement l'azimut sera différent d'autant que
l'arc de rotation diffère de 180°0'0''. Alors l'inclinaison de l'axe horizontal
par rapport à l'horizon dépendra de la déviation de l'axe vertical de sa position normale. On pourra donc considérer les observations exécutées avant
et après le renversement comme appartenant à un ensemble, à une seule
mise *), tandis que par le retournement on produit deux mises différentes.

V. *Observations pour déterminer l'heure.*

Les observations avec l'instrument des passages ont un triple but à
remplir, savoir la détermination du temps absolu, de l'ascension droite de
la Lune et de la hauteur du pôle. Il s'agit donc ici d'exposer le choix et
la disposition des observations pour chacun de ces buts et en premier lieu
pour celui de déterminer le temps.

---

*) Pour des observations qui ne forment qu'un ensemble, l'Auteur a employé l'expression
allemande *Satz* que j'ai cru pouvoir rendre par le mot *mise*   (**N. du tr.**)

Afin de trouver le temps absolu , c.-à-d. la réduction $=u$ au temps sidéral pour l'indication de l'horloge , il est nécessaire de fixer le temps de l'horloge $= S$ au moment de la culmination d'une étoile dont l'ascension droite $= \alpha$ est connue, et l'on aura $u = \alpha - S$. Au lieu de la culmination nous observons le moment s du passage de l'étoile par le fil moyen de l'instrument placé à peu près au méridien. Supposons que le grand cercle perpendiculaire à l'axe de rotation de l'instrument est distant à l'Est , du pôle de $15\,n$ et de $15\,i$ du zénith, et que la ligne visuelle donnée par le fil médial dévie de $15\,c$ du même grand cercle de l'instrument , également à l'Est. Alors δ désignant la déclinaison de l'étoile et φ la hauteur du pôle, on a :

$$\alpha = s + u + m + c.\ \sec \delta + n.\ \mathrm{tang}\ \delta,$$

où $m = - n\ \mathrm{tang}\ \varphi + i \sec \varphi.$

Cette formule suppose n, i et c si petits, que leurs carrés puissent être négligés , c.-à-d. que l'instrument soit dans le méridien à quelques minutes en arc près. Elle convient aussi à la culmination inférieure, si l'on compte les déclinaisons en partant de l'équateur au-delà de 90°, où les tangentes et les sécantes deviennent négatives. Il est évident que l'inclinaison $15\,i$ de l'axe de rotation, connue d'après le niveau ou l'horizon artificiel , est positive si le tourillon à l'Ouest est le plus élevé. Une seconde étoile donnera :

$$\alpha' = s' + u + du + m + c.\ \sec \delta' + n.\ \mathrm{tang}\ \delta',$$

où l'accroissement du de la correction de l'horloge dans le temps $s' - s$ peut être considéré comme connu d'après la marche journalière de l'horloge, si $s' - s$ n'est pas grand. Par les renversements exécutés précédemment. c est aussi donné, comme on l'a vu plus haut, en sorte qu'en posant

$$s + c \sec \delta = \sigma \text{ et } s' + c \sec \delta' = \sigma', \text{ on a :}$$

$$u = \alpha - \sigma - m - n.\ \mathrm{tang}\ \delta = \alpha' - \sigma' - du - m - n.\ \mathrm{tang}\ \delta'$$

d'où l'on obtient :

$$n = \frac{(a'-a)-(c'-c)-du}{\tan g\,\delta'-\tan g\,\delta},$$

et u en introduisant cette valeur de n dans l'équation précédente par deux valeurs qui doivent s'accorder. La détermination de n exige donc l'observation de deux étoiles. On trouvera n d'autant plus exactement que le diviseur, c.-à-d. la différence des tangentes des déclinaisons, est plus grand. La combinaison la plus avantageuse est donc celle où l'on prend une étoile dans sa culmination supérieure, l'autre dans l'inférieure, et toutes les deux aussi près du pôle que possible. Quand les deux étoiles ne sont pas dans des culminations opposées, on choisira l'une le plus près possible et l'autre à une grande distance du pôle. Si les deux étoiles sont très rapprochées du pôle, elles donneront il est vrai n avec beaucoup de précision, mais u avec désavantage, parce que les instants absolus des passages en sont plus incertains à cause de la lenteur du mouvement, et que les corrections des passages de chaque étoile $m + c.\ \sec \delta + n.\ \tan g\ \delta$ et $m + c.\ \sec \delta' + n.\ \tan g\ \delta'$ peuvent devenir très grandes. En faisant abstraction de c qui sera par le renversement précédent à très-peu près $= 0$ et doit être regardé comme connu, on a $m + n.\ \tan g\ \delta = i.\ \sec \varphi + n\ (\tan g\ \delta - \tan g\ \varphi)$. Le premier membre de cette expression est le même pour toutes les étoiles; le second est $= 0$ pour $\varphi = \delta$. Il en résulte, que la détermination du temps devient d'autant plus précise que l'étoile qui la donne passe plus près du zénith, car elle ne dépend dans ce cas que de l'exactitude de l'observation et de l'inclinaison de l'axe. Nous conseillons par conséquent de choisir outre les deux étoiles employées pour déterminer n et rapprochées du pôle autant que possible, encore deux autres étoiles passant à la moindre distance possible du zénith du côté de l'équateur, lesquelles donneront conjointement avec n que l'on a trouvé, une double valeur de la correction de l'horloge.

En cas qu'il y ait une erreur dans la valeur employée de c, n et u ne seront plus rigoureusement exacts. Mais si l'on renverse l'axe dans les coussinets, et si l'on réitère les observations pour n et u avec d'autres étoiles convenables, la valeur moyenne de u sera indépendante de c, et sa correction deviendra connue. Outre cela toutes influences constantes provenant de l'inégale épaisseur des tourillons ou d'une flexion de l'axe seront presque ou totalement éliminées.

Cela posé, les observations doivent être ordonnées, pour une détermination complète de n, c et u, d'après le schema suivant :

I Position, limbe Est (ou Ouest).

a) Détermination de l'inclinaison par le niveau.

b) Observation de 4 étoiles, savoir 2 près du pôle et 2 dans le voisinage du zénith vers l'équateur.

c) Détermination de l'inclinaison.

Renversement dans la position II, limbe Ouest (ou Est).

d) Détermination de l'inclinaison.

e) Observation de 4 étoiles.

f) Détermination de l'inclinaison.

Pour l'azimut du grand cercle de l'instrument, compté du point Nord à l'Est, on a

$$A = 15 \, (n.\ \sec \varphi - i.\ \tang \varphi).$$

On obtient ainsi une vérification par les deux positions de l'instrument. En effet, par les différents n et i il doit résulter une même valeur de A, dans les deux positions, si dans cet intervalle de temps l'azimut n'a pas changé.

Il a déjà été dit que c peut être considéré comme connu d'après les renversements précédents. La double détermination de n et i ne sera donc nécessaire, que quand on doit atteindre la plus grande rigueur dans la connaissance de l'heure. Mais aussi dans ce cas, on fera bien d'augmenter le nombre des étoiles qui donnent u. Si on le trouve convenable, l'instrument, à l'aide de la graduation, peut être amené encore plus près du méridien après que l'azimut a été calculé, et cela quand on tourne la monture supérieure de la valeur de l'arc A.

Les éphémérides d'Encke donnent les lieux apparents des deux étoiles polaires pour chaque jour, et ceux des 45 étoiles principales pour tous les 10 jours. Chaque observatoire pourvu d'instruments fixes établit la détermination des positions sur la sphère céleste, en partant de ces points fondamentaux bien déterminés. Depuis 1834 on a porté dans le Nautical Almanac jusqu'à 98 le nombre des étoiles dont les lieux apparents sont donnés pour chaque 10e jour, où sont comprises plusieurs étoiles plus proches du pôle Nord et les étoiles méridionales jusqu'à la région du pôle Sud. Quant à ces dernières, on avait en vue les astronomes voyageurs qui auraient des positions géographiques à déterminer dans l'hémisphère austral. Mais à proprement parler la détermination géographique a besoin des positions de toutes les étoiles jusqu'à la 5e grandeur, c.-à-d. de toutes celles qui peuvent être observées dans les instruments de voyage les plus faibles avec une illumination complète. L'une des conditions les plus urgentes pour les progrès des déterminations géographiques est donc un catalogue exact des lieux moyens des étoiles brillantes jusqu'à la 5e grandeur, pourvu des auxiliaires nécessaires pour le calcul des lieux apparents avec cette perfection exemplaire qui distingue le catalogue d'Argelander des 560 étoiles remarquables par leurs mouvements propres. Par rapport aux étoiles visibles en Europe, on trouve des matériaux presque complets en partie dans le susdit catalogue d'Argelander et en partie dans celui de Greenwich contenant 1112 étoiles pour 1830. J'ai tiré de ces deux catalogues et ajouté à ce traité une liste d'étoiles circompolaires boréales qui conviennent pour déterminer la distance n de l'instrument au pôle. Elle contient 23 étoiles, dont Rangifer 35 Bode seule est de 6e grandeur et qui sont situées de manière qu'à chaque heure, en en faisant usage, on peut évaluer n avec la plus grande précision, si l'on compare la Polaire, δ Urs. min. et λ Urs. min. avec une étoile principale quelconque, et si l'on emploie les autres deux à deux dans des culminations opposées. Les étoiles imprimées en plus gros caractères sont celles dont on trouve les lieux apparents dans les éphémérides anglaises et celles de Berlin. Quant aux autres, leur position est donnée dans les deux catalogues cités. Je fais encore mention que les asc. dr. de toutes ces étoiles pour 1815 ont été déterminées à Dorpat avec la plus grande rigueur. On les trouve dans le premier volume des observations de Dorpat. La comparaison de ces positions aux plus récentes fera connaître les mouvements propres de ces étoiles en Æ. D'ailleurs les lieux qui sont ici donnés pour l'époque d'aujourd'hui ne servent qu'à trouver les étoiles. Mais ces étoiles peuvent déjà être employées toutes par un astronome voyageur, vu que l'on possède les données nécessaires pour calculer leurs positions apparentes précises.

Une seconde méthode de déterminer le temps est celle, où l'on ajuste l'instrument dans le vertical quelconque de l'étoile polaire a Ursae minoris. Dans cette position on observe d'abord le passage de l'étoile polaire par le fil moyen, et ensuite, sans changer l'état de l'instrument, les passages d'autres étoiles plus éloignées du pôle par tous les 5 fils. Quand on ne cherche que le temps, ces étoiles y seront encore d'autant plus propres, qu'elles passeront plus près du zénith. En observant dans les deux positions de l'instrument on éliminera ici également l'influence des erreurs constantes.

Comme l'azimut de l'étoile polaire n'atteint que peu de degrés, pour une étoile qui culmine entre le zénith et l'horizon méridional, le passage par le vertical de la Polaire ne peut différer du temps de la culmination que de peu de minutes en temps. Sous la latitude de 60° le maximum p. ex. pour l'azimut de l'étoile polaire $= 3°6'$. Une étoile proche de l'horizon méridional passera par le vertical de la Polaire qui se trouve dans son élongation orientale, environ 15' après sa culmination. Pour une étoile plus voisine du zénith la différence sera encore plus petite. Pour trouver à peu près le temps quand l'étoile dont nous nommerons l'ascension droite et la déclinaison α et δ, croise le vertical de l'étoile polaire dont Æ et la décl. soient a et d, il faut chercher pour le temps sidéral α l'azimut de la polaire $= A$, exprimé en minutes, positif à l'Est du point Nord, et après cela $\theta = \frac{\frac{1}{15}A . \sin(\gamma - \delta)}{\cos \delta}$; alors pour le temps $\alpha + \theta$ la 1re étoile aura à peu près l'azimut A *). On tournera donc à peu près 5' avant le temps sidéral $\alpha + \theta$ la partie supérieure de l'instrument de façon que le fil moyen soit atteint par l'étoile polaire, en vertu de son mouvement diurne, dans l'espace d'une minute, et alors on fixera les vis de pression g, en prenant soin que l'axe horizontal reste rectifié à tant près, que sa petite inclinaison puisse être indiquée avec sûreté par le niveau. Cela fait, on observera le passage de l'étoile polaire par le fil moyen à l'heure s de l'horloge, et ensuite on mettra l'instrument à la distance zénithale de l'autre étoile, qui différera si peu de celle au méridien $\varphi - \delta$, que pour celle-ci l'étoile paraîtra immanquablement au champ de la lunette; alors on observera le

---

*) Celui qui veut employer cette méthode plus souvent dans le même lieu, fera le mieux de calculer une table qui donne les azimuts et les distances zénithales de l'étoile polaire, pour chaque temps sidéral de 10 en 10 minutes. Cette table est indispensable pour observer pendant le jour les distances zénithales de la Polaire avec le cercle vertical, et pendant la nuit elle est très utile. Sans une pareille table on peut trouver aussitôt l'azimut par nos tables auxiliaires jointes à la fin de ce traité, comme c'est exposé page 48, et ensuite également calculer en peu de temps la distance zénithale de l'étoile polaire, d'après $\sin z = \frac{\sin 15\,t \cos \delta}{\sin A}$, avec des logarithmes à 4 ou 5 décimales.

*

passage de cette étoile par tous les 5 fils verticaux au milieu des deux horizontaux, et l'on évaluera l'inclinaison de l'axe à l'aide du niveau avec le plus grand soin. La réduction des fils latéraux au fil moyen est très simple. En effet, si pour le temps sidéral de l'observation de l'étoile polaire, approximativement connu, son azimut à quelques minutes près $= A$, on calculera préalablement $N = A. \cos \varphi$, où N exprime la distance du cercle vertical de l'instrument au pôle, et l'on fera

$$\cos \tfrac{1}{2} (\delta + N) . \cos \tfrac{1}{2} (\delta - N) = \beta \text{ et } \sin N. \sin \delta = \gamma$$

alors le temps k de la réduction d'un fil latéral distant du moyen de $15\, l$ se trouve d'après

$$k = \frac{l}{\beta} + \frac{7,5 . \gamma . \sin 1''. l^2}{\beta^3},$$

où le signe supérieur du second terme s'emploie lorsque le cercle parallèle du fil latéral est plus éloigné du pôle que le grand cercle tracé par le fil médial et réciproquement. Si donc σ est le terme moyen des fils, ainsi trouvé, on aura deux moments s et σ pour le passage de l'étoile polaire et de l'autre étoile par le cercle que décrit sur la sphère céleste la ligne optique de l'instrument. Soit $15\, c$ la déviation de la ligne optique à l'Est du grand cercle perpendiculaire à l'axe de rotation et $15\, i =$ l'inclinaison de l'axe, positive quand le tourillon Ouest est plus élevé, toutes deux très petites et connues, la première d'après les renversements antérieurs et l'autre à l'aide du niveau. Lorsque pour la Polaire $b = \cos \tfrac{1}{2} (d + N) . \cos \tfrac{1}{2} (d - N)$, on fera :

$$s' = s \mp \frac{c}{b} \text{ et } \sigma' = \sigma + \frac{c}{\beta}$$

où le signe $+$ affecte s' si l'étoile polaire est entre la culmination supérieure et l'élongation : alors s' et σ' seront les temps des passages des deux étoiles par le même grand cercle de l'instrument. Quand donc $1''$ temps de l'horloge $= \mu''$ temps sidéral, en désignant par $15\, (t - m)$ l'angle horaire oriental de la Polaire et par $15\, (\tau - m)$ celui de l'autre étoile, on aura les 3 équations suivantes

1) $t - \tau = (a - \alpha) + u(\sigma' - s') = e$

2) $\sin 15\,\tau = \tang N.\ \tang \delta$

3) $\sin 15\,t = \tang N.\ \tang d.$

De la 2e et 3e il suit

$$\tang 15\,\tau = \frac{\sin e.\ \tang \delta}{\tang d - \cos e\ \tang \delta} \quad \text{et} \quad \tang N = \frac{\sin 15\,(\tau + e)}{\tang d}.$$

Pour déterminer m on a

$$\tang y = \frac{\sin J.\ \cos p}{\sin N - \sin J\ \sin \varphi}, \quad \text{ou avec une exactitude suffisante}$$

$$\tang y = \frac{J.\ \cos \varphi}{N - J\ \sin \varphi}$$

et $\sin 15\,m = \tang N.\ \tang (\varphi - y)$.

Enfin il résulte de $\sigma' + (\tau - m) + u = \alpha$, si u est la correction de l'horloge pour le moment σ'

$$u = \alpha - \sigma' - (\tau - m).$$

Les observations nécessaires pour cette détermination du temps ne prennent que peu de minutes. On peut lier un seul passage de la Polaire à plusieurs passages des étoiles qui servent à déterminer le temps. Ces différentes étoiles doivent donner des corrections de l'horloge suffisamment concordantes et en accroître la précision. De cette manière p. ex. si l'on observe à 5 heures de temps sidéral, on pourra combiner l'étoile polaire avec Capella et β Orionis. Cette vérification s'obtient plus facilement lorsqu'on fait usage non seulement d'étoiles fondamentales, mais aussi d'autres étoiles jusqu'à la 5e grandeur, et la détermination du temps sera très précise si l'on prend, comme c'était exposé plus haut, celles qui passent plus près du zénith au Sud. Mais une telle détermination de l'heure n'est pourtant encore qu'incomplète. Une faute dans la déviation supposée c de la ligne visuelle, une différence inconnue dans l'épaisseur des tourillons ou une flexion de l'axe affecteront l'exactitude de la correction de l'horloge. Donc pour déterminer le temps complètement, il faut premièrement comparer la Polaire avec les étoiles convenables, dans une position de l'instrument. Il faut ensuite renverser l'instrument dans ses coussinets ou le retourner de 180° dans l'azimut et faire une nouvelle comparaison de l'étoile polaire à d'autres étoiles convenables. La moyenne des deux corrections de l'horloge ainsi obtenues sera aussi rigoureuse que l'instrument est en état de la fournir.

Il s'entend de soi-même qu'on doit apporter ici le même soin qu'auparavant pour la connaissance de l'inclinaison. L'avantage de cette méthode consiste en ce qu'on se passe des lieux précis des autres étoiles circompolaires. Mais elle exige des calculs plus compliqués, car on doit faire usage des formules trigonométriques rigoureuses, et dans les observations de la Lune avoir égard à sa parallaxe.

VI. *Observations pour déterminer l'ascension droite de la Lune pour la longitude.*

Depuis quelques années les éphémérides astronomiques donnent une liste des étoiles qui chaque jour doivent être comparées en ascension droite avec la Lune pour la détermination de la longitude. On observe donc d'après l'horloge le passage du bord plein de la Lune et de ces étoiles par les fils de l'instrument placé aussi près que possible du méridien.

Mais si l'astronome voyageur n'observe que le passage de la Lune et de ces étoiles de comparaison (étoiles lunaires), il n'en déduira pas la longitude avec sûreté, parce qu'il ne peut pas supposer que de même que pour les instruments fixes des observatoires, son appareil se trouve exactement dans le méridien. Ainsi les observations indiquées dans V pour déterminer *n* et *u* doivent être réunies, et cela de manière que l'observation de la Lune et des étoiles de comparaison tombe dans l'intervalle de deux déterminations de *n*. Par ce moyen, en consultant encore les inclinaisons trouvées à l'aide du niveau, on peut juger de la stabilité de l'instrument pendant la comparaison de la Lune aux étoiles indiquées.

L'observation complète de la longitude par une culmination de la Lune exige donc :

a) la détermination de la position de l'instrument aussi peu que possible avant *b*,

b) l'observation de la Lune et des étoiles lunaires comme aussi d'autres étoiles brillantes, voisines de la Lune, dont l'ascension droite soit connue,

c) la détermination répétée de la position de l'instrument aussitôt que possible après *b*;

a, *b* et *c* doivent être faites dans le même état de l'instrument (c.-à-d. sans changer les tourillons dans les coussinets); on peut donc en cas de besoin, si notamment il y a une incertitude sur la déviation de la ligne optique, faire encore précéder *a* et suivre *c* par une série d'observations exécutées dans la position opposée des tourillons.

Il est dit en *b*, qu'il faut observer outre les étoiles de comparaison données dans les éphémérides, encore d'autres étoiles dont l'ascension droite est connue. Le but en est d'obtenir l'ascension droite absolue de la Lune avec plus de rigueur. Dans peu de temps les lieux des étoiles les plus lumineuses du zodiaque jusqu'à la 5e grandeur inclusivement, seront exactement déterminés dans les observatoires. L'astronome voyageur en observant plusieurs d'entre elles, outre les étoiles fondamentales proprement dites, gagnera considérablement en précision dans la détermination de l'ascension droite absolue de la Lune. Pour celui qui opère dans un observatoire, l'augmentation du nombre des étoiles lunaires serait à charge, car il doit employer son temps pour d'autres buts ; mais l'astronome voyageur ne

doit négliger rien de ce qui peut contribuer à l'accomplissement plus par-
fait de ses vues.

Si par des circonstances accidentelles l'observateur qui voyage est em-
pêché de faire ses observations si complètes, qu'il en puisse déduire l'état
de l'instrument et de l'horloge, il doit au moins y ajouter la correction de
l'heure obtenue de quelque autre manière, p. ex. par des hauteurs correspondantes du Soleil. Moyennant cette correction on peut trouver le temps
de la culmination des étoiles, et par la comparaison des passages observés,
la déviation de l'instrument du méridien dans la région de la Lune. En
effet, si l'observateur était privé de moyens pour apprécier l'inclinaison de
l'axe, si p. ex. le niveau était cassé, les observations astronomiques ne don-
neraient que n, tandis que m resterait indéterminé et la connaissance absolue du temps deviendrait impossible. Le remède le plus sûr dans un
cas pareil est une détermination indépendante du temps. Lorsque M. Preuss
faisait ses observations au Kamtchatka et en Californie, le niveau qu'il avait
à l'instrument de Troughton n'était absolument d'aucun usage. Mais non-
obstant cela il a fait d'excellentes déterminations de longitudes par le passage de la Lune, en observant aussi, outre les étoiles de comparaison, les
étoiles circompolaires et les fondamentales qui lui donnaient n, et en ré-
glant de plus son temps absolu d'après des hauteurs correspondantes du
Soleil.

Comme c'est proprement l'ascension droite du centre, que l'on cherche
par le passage du bord de la Lune, le demi-diamètre de la Lune entre en
considération dans les déterminations des longitudes, du moins en tant qu'il
est vu un peu autrement dans les différents instruments, en proportion de
la perfection optique. Des lunettes plus faibles donnent en général des
diamètres plus grands que les plus fortes. De là dérive naturellement la
nécessité d'établir les longitudes sur les passages observés tant avant qu'après

la pleine Lune, lorsqu'on veut atteindre à un haut degré de précision. On voit en même temps que l'observateur doit particulièrement avoir soin que le demi-diamètre apparent de la Lune ne paraisse pas agrandi dans la lunette par une rectification optique imparfaite. L'observateur doit donc exécuter avec le plus grand soin la rectification des foyers, qui fait voir en même temps la Lune et les fils avec une netteté complète, et surtout déplacer toujours l'oculaire mobile par lui-même, de sorte que le bord de la Lune paraisse bien tranché, si même les fils perdent en distinction.

Auparavant les étoiles de comparaison n'ont pas été données dans les éphémérides pour tout le temps que la Lune est visible au méridien, ayant été omises bientôt après la pleine Lune. Cette omission est contraire au but principal des culminations lunaires et provient de ce qu'au commencement on n'avait en vue que les différences des méridiens pour les observatoires de l'Europe. Mais c'est précisément pour ces différences qui peuvent et doivent être déterminées par un grand nombre d'occultations d'étoiles, ou par des opérations chronométriques, que la valeur des passages de la Lune est d'un rang secondaire. Pour l'astronome voyageur le passage de la Lune est l'unique moyen universellement valable pour une détermination exacte de la longitude, moyen dont l'usage répandu permet pour les longitudes des points les plus éloignés du globe une exactitude qui, sous ce rapport, doit établir une époque nouvelle dans la Géographie. L'astronome qui ne voyage que dans le but de fixer la position des lieux ne doit donc laisser échapper aucune culmination visible de la Lune. Si l'éphéméride ne donne point d'étoiles lunaires, il faut qu'il compare la Lune avec les étoiles fondamentales et d'autres étoiles brillantes bien placées, jusqu'à la 5e grandeur.

Pour que les efforts de l'astronome voyageur aient un succès complet, il faut que des observations correspondantes se fassent dans des stations

9

dont les longitudes sont connues. Sous ce rapport, il est du ressort des observatoires européens bien déterminés, d'observer la Lune dans toutes les culminations visibles. Lorsque, en 1830, sur la demande de l'Amirauté britannique, une Commission fut formée dans l'enceinte de la Société astronomique royale de Londres pour l'amélioration du Nautical Almanac, l'auteur de ce Traité eut occasion de diriger l'attention des membres sur l'importance de cet objet. La Commission arrêta que l'insertion des étoiles lunaires pour le mois entier *) aurait lieu dans les éphémérides, et reconnut la nécessité de ne négliger aucun passage visible de la Lune à l'observatoire de Greenwich où il y a plusieurs observateurs. L'intérêt de ce sujet n'est certainement pas moindre pour la Russie que pour l'Angleterre. Il est donc à désirer qu'on accorde la même attention à la Lune dans un observatoire russe. Celui de Nicolaïef y serait particulièrement propre d'après sa situation et son climat. Dans la Russie septentrionale, le ciel couvert en certaines saisons et la basse position de la Lune en été empêchent le succès complet des observations lunaires.

En observant le passage de la Lune par le méridien, sa parallaxe en ascension droite $= 0$. Mais si l'on observe au contraire le passage de la Lune et des étoiles avec un instrument ajusté dans un vertical quelconque, la parallaxe doit être soigneusement soumise au calcul. Il y a des circonstances où c'est le seul moyen d'observer le passage de la Lune, p. ex. plus près de la nouvelle Lune, ou lorsque le ciel couvert pendant la culmination ne s'éclaircit que plus tard. Si dans un cas pareil l'astronome ne veut pas perdre la Lune, il est forcé de l'observer hors du méridien. Alors excepté la Lune et les étoiles voisines qui servent à déterminer les

---

*) Le Nautical Almanac, et d'après lui le calendrier nautique de Russie donnent depuis 1834 les étoiles lunaires pendant la lunaison entière.

différences en ascension droite, on doit observer au moins une étoile aussi proche que possible du pôle et évaluer l'inclinaison de l'axe. Pour la vérification on lira également l'index du cercle azimutal, d'où l'on obtiendra aussitôt une valeur approchée pour l'azimut du vertical dans lequel la Lune est observée. On voit par là que l'observateur exercé peut se procurer dans une nuit plusieurs passages de la Lune, et par conséquent plusieurs valeurs de la longitude.

Une question importante est de savoir, si un instrument aussi petit que celui d'Ertel comporte une précision suffisante dans l'observation du passage de la Lune et des étoiles pour le but de la détermination des longitudes. Cette question se résout aussitôt d'une manière satisfaisante d'après la page 17.

L'avantage de la forte amplification pour la sûreté du passage est le plus grand dans le voisinage du pôle et n'est que peu sensible près de l'équateur. Le rapport de l'exactitude de l'observation d'un passage avec un grossissement de 180 et de 30 fois est depuis 0 jusqu'à 30° de déclinaison, en terme moyen, comme 1 : 1,7, et la lunette du cercle méridien amplifiant 6 fois autant est loin de fournir la sûreté double dans l'ascension droite de la Lune. Il ne serait donc pas avantageux, si aux dépens de la commodité du transport et de l'établissement on faisait hausser de peu la précision des résultats par une augmentation considérable des dimensions de l'instrument.

VII. *Observations dans le premier vertical pour déterminer la hauteur du pôle.*

Pour déterminer la hauteur du pôle on amène l'instrument dans le premier vertical et on l'y fixe. La lecture de l'index au cercle des azimuts, pour le premier vertical, est admise comme connue d'après la page 49.

✿

La hauteur du pôle est basée sur l'intervalle de temps entre les passages de la même étoile par la lunette des deux côtés du zénith. On observe donc d'abord le passage dans le vertical Est, ensuite, après plus ou moins de temps, dans le vertical Ouest. Avec cela on suppose que dans cet intervalle de temps qui dépend évidemment de $\varphi - \delta$, distance de l'étoile au zénith pendant sa culmination, l'azimut de l'instrument demeure invariable.

Si δ est la déclinaison de l'étoile, $2\,t$ l'intervalle du temps des passages par le fil moyen dans les deux verticaux, on trouve la hauteur du pôle φ d'après tang $\varphi = \frac{\text{tang }\delta}{\cos 15\,t}$. Pour réduire les fils latéraux au fil moyen, on a pour l'intervalle en temps, si $15\,l$ est la distance du fil au fil moyen en arc, l'expression :

$$k = \frac{l}{a} + \frac{7,5 \cdot \beta \cdot l^2 \cdot \sin 1''}{a^3} \cdots \cdots$$

où $\alpha = \sin^{\frac{1}{2}}(\varphi + \delta) \cdot \sin^{\frac{1}{2}}(\varphi - \delta)$ et $\beta = \cos \varphi \sin \delta$.

Le second terme de k reçoit le signe $+$ quand le fil est plus loin du pôle que le fil moyen, le signe $-$, quand il en est plus proche.

La hauteur du pôle ainsi trouvée est encore affectée de l'inclinaison de l'axe et de l'erreur de la ligne optique. Soit J_e l'inclinaison de l'axe pour le passage de l'étoile par le vertical Est, J_o l'inclinaison au passage par le vertical Ouest, toutes deux positives quand le tourillon Nord est le plus élevé, et $C = 15\,c$ l'erreur de la ligne optique, positive quand elle décline au Sud du grand cercle, on trouvera la vraie hauteur du pôle $= \chi$ d'après

$$\chi = \varphi + \frac{J_e + J_o}{2} + \frac{C \cdot \sin \varphi}{\sin \delta}.$$

L'inclinaison de l'axe doit donc être observée à chaque passage. C l'erreur de la ligne visuelle peut être considérée comme connue par des renversements au méridien. Il y a pourtant des moyens d'éliminer l'influence de C :

a) lorsqu'on renverse l'instrument entre les deux passages, c.-à-d. qu'on observe le passage par le vertical Est et le vertical Ouest dans les positions opposées de l'axe; alors

$$\chi = \varphi + \frac{J_e + J_o}{2}$$

ou *b*) si l'on observe une étoile dans les deux verticaux pour la même position de l'axe et une autre ensuite pour la position opposée, encore dans les deux verticaux. Les deux valeurs de la hauteur du pôle seront:

$$\chi = \varphi + \frac{J_e + J_o}{2} + \frac{C . \sin \varphi}{\sin \delta} \quad \text{et}$$

$$\chi = \varphi' + \frac{J'_e + J'_o}{2} - \frac{C . \sin \varphi'}{\sin \delta'}$$

Si donc $\varphi + \dfrac{J_e + J_o}{2} = \psi$ et

$$\varphi' + \frac{J'_e + J'_o}{2} = \psi' \quad \text{on calcule:}$$

$$C = \frac{1}{m} \, (\psi' - \psi), \quad \text{quand} \quad m = \frac{\sin \varphi}{\sin \delta} + \frac{\sin \varphi'}{\sin \delta'} \quad \text{et}$$

après cela $\chi = \psi + \dfrac{C \sin \varphi}{\sin \delta} = \psi' - \dfrac{C \sin \varphi'}{\sin \delta'}$.

Les deux méthodes ont pour l'astronome voyageur l'inconvénient, qu'il se perd beaucoup de temps entre les deux passages, vu que l'angle horaire croît très rapidement pour le passage par le premier vertical, avec la valeur de $\varphi - \delta$. Sous la latitude de 60° et pour $\delta = 50°$ l'intervalle du temps des passages surpasse 6 heures et l'on est pourtant contraint d'employer des étoiles dont δ est jusqu'à 15° plus petite que φ, à cause du petit nombre d'étoiles brillantes qui passent tout près du zénith. (Nous les nommerons étoiles zénithales). Outre cela la condition que l'azimut de l'instrument ne varie pas pendant un intervalle de temps si considérable est pour l'astronome voyageur difficile à remplir; aussi dans les contrées septentrionales sera-t-il très restreint en été, par la courte durée de la nuit.

On observera donc une étoile zénithale quelconque dans un vertical et aussitôt que possible une autre dans le vertical opposé, ainsi l'une à l'Est, l'autre à l'Ouest du zénith. Après cela on renversera l'instrument et l'on observera de nouveau deux étoiles dans les directions opposées par rapport au zénith. Avec ces **4** observations, en connaissant les lieux apparents des étoiles, on obtient la hauteur du pôle, ainsi que l'erreur de la ligne optique et de plus, si la correction de l'horloge est connue, la déviation effective du vertical de l'instrument à l'égard du premier vertical. Par l'observation d'un plus grand nombre d'étoiles et par des renversements réitérés on fera hausser la certitude pour la hauteur du pôle. Il s'entend de soi-même, que l'inclinaison de l'axe doit être déterminée à chaque passage observé, et il est clair qu'un instrument où le niveau peut constamment rester sur l'axe, doit présenter un avantage essentiel pour le but de la hauteur du pôle.

Les étoiles à observer doivent être choisies dans un catalogue d'étoiles jusqu'à la 5e grandeur. L'observateur fera bien de calculer d'avance les temps des passages des étoiles par le premier vertical et d'après cela de diriger son choix. Il trouvera l'angle horaire $= t$ des étoiles pour le passage par le premier vertical, comme aussi la distance zénithale $= z$ pour ce passage, par :

$$\cos 15\, t = \frac{\tan \vartheta}{\tan \varphi} \quad \text{et} \quad \cos z = \frac{\sin \vartheta}{\sin \varphi},$$

ou pour des étoiles qui passent très près du zénith, plus exactement

$$\sin \frac{15\,t}{2} = \sqrt{\frac{\sin(\gamma -)}{2 \cos \vartheta \cdot \sin \varphi}} \quad \text{et} \quad \sin \tfrac{1}{2} z = \sqrt{\frac{\sin \tfrac{1}{2}(\gamma - \vartheta) \cos \tfrac{1}{2}(\varphi + \vartheta)}{\sin \varphi}}.$$

Si donc α est l'ascension droite, il vient $\alpha \pm t$ pour le temps sidéral du passage dans les deux parties du premier vertical, par rapport au fil moyen. Pour un fil latéral, l'angle horaire et la distance zénithale seront un peu différents, de la quantité dt et dz. Si la distance de ce fil au fil moyen est 15 l, on aura :

$$dt = \pm \frac{l}{\sin \varphi \cdot \sin z} \quad \text{et} \quad dz = \pm \frac{15\, l}{\tan \varphi \cdot \sin z}.$$

Plus l'étoile passe près du zénith, plus l'angle sous lequel elle croise les fils verticaux du réticule est aigu. L'intersection des fils par l'étoile doit toujours arriver exactement au milieu des fils horizontaux et conformément à cela l'observateur doit modifier pour chaque fil la distance zénithale de la lunette, à l'aide de la vis micrométrique S planche II. Si l'étoile ne passe pas par l'endroit convenable, les moments seront défectueux, à raison de la déviation des fils de la position verticale précise.

§. 10.

Préparation à faire pour les observations d'un jour quelconque.

L'opération préparatoire consiste en ce que l'astronome choisit, conformément au but, les astres qu'il faut observer, qu'il calcule approximativement d'avance les moments de l'horloge et les distances zénithales pour l'observation, afin qu'il puisse exécuter son travail avec ordre, tranquillité et persuasion de n'avoir rien omis. Au lieu de préceptes généraux je donne un exemple. Supposons donc que le 10 Février 1832 on ait eu à faire à Berlin, avec l'instrument d'Ertel, des observations qui servent à déterminer la latitude et la longitude. Le même jour une occultation de α Tauri a lieu. Celle-ci et la culmination de la Lune et des étoiles de comparaison doivent être observées pour la longitude. La station Berlin est choisie pour pouvoir prendre les instants de l'occultation immédiatement d'après l'annuaire d'Encke. Il est naturel que pour un autre endroit, on doit commencer par la réduction des instants de l'occultation, et de la culmination de la Lune, d'après la situation approchée de ce lieu. La hauteur du pôle pour Berlin est $52°31',2$.

Par la page 228 de l'annuaire, l'immersion de α Tauri arrive à 5 h. 49',4, l'émersion à 6 h. 58',6 en temps moyen. En changeant ces moments en temps sidéral, ils deviennent 3 h. 8′,4 et 4 h. 17′,6. Le passage du centre de la Lune a lieu d'après la page 212 de l'annuaire à 4 h. 27′30″ temps sidéral, donc celui du premier bord (car c'est avant la pleine Lune) à 4 h. 26′30″ temps sidéral. Il est évident que α Tauri est sortie à peu près 9′ avant ce temps et qu'elle se trouve encore si près de la Lune, qu'elle ne passera par les fils de l'instrument placé au méridien que peu de secondes avant le bord de la Lune, et par conséquent ne peut pas être observée. Nous trouvons pour la culmination de la Lune sur la page 212 de l'annuaire ce qui suit:

	Æ	Décl.
48 Tauri (6)	4 h. 6′14″	+14°58′
Bord de la Lune I.	4. 26.30	+16.55
J Tauri (6.7)	4. 47.41	+16.53
104 m Tauri (5)	4. 57.32	+18.24

Deux des 3 étoiles lunaires, savoir 48 et J Tauri comme étant de 6ᵉ et 6ᵉ jusqu'à 7ᵉ grandeur, sont trop faibles pour être observées dans notre instrument avec l'illumination complète du champ. Nous les rejetons donc et choisissons pour la comparaison avec la Lune, à l'aide du catalogue de Schumacher pour 1821, 3 autres étoiles réduites à 1832:

	Æ	Décl.
γ Tauri (3.4)	4 h. 10′,2	+15°13′
1 Orionis (4)	4. 40,8	+ 6.40
ι Tauri (4.5)	4. 53,1	+21.21

L'occultation de l'étoile précède la culmination de la Lune. Entre l'immersion et l'émersion il faut faire la première détermination du temps, et la seconde après l'observation des étoiles lunaires. Après cette seconde détermination de l'heure viennent les observations pour la hauteur du pôle dans le premier vertical et ensuite, si on le juge nécessaire, encore une détermination du temps. Cette dernière est superflue quand la marche du chronomètre est assez régulière.

Le Soleil se couche à 5 heures 0′ temps moyen $= 2$ h. 19′ temps sidéral. D'après cela on règle le choix des étoiles. Avant 2 h. 19′ temps sidéral on ne peut observer que des étoiles très brillantes, notamment la Polaire qui culmine à 1 heure.

Je suppose que l'instrument soit rectifié d'après §. 7. et déjà orienté par §. 9. I., en sorte qu'il se trouve très proche du méridien. L'index I soit à l'Est. Qu'on observe d'abord l'étoile polaire pour déterminer l'erreur de la ligne optique, donc premièrement avec L. E aux deux fils, ensuite avec L. O aux trois fils. Le temps du fil I à III est pour la Polaire à peu près 30′.

Ici viennent actuellement les étoiles qu'on doit observer au méridien, avec les renversements de l'instrument et l'indication quand le niveau doit être employé.

(NB. Pour l'étoile polaire, Æ signifie dans cette table le passage en temps sidéral par le I et le III fil.)

Position des pivots	Etoile	Grandeur de l'étoile	Æ	Décl.
L. E.	Etoile polaire (I. II.)	2.	0 h. 30′	+ 88° 25′

R e n v e r s e m e n t

Position des pivots	Etoile	Grandeur de l'étoile	Æ	Décl.
L. O.	Etoile pol. (III. IV. V.)	2.	1 h. 0′	+ 88° 25′
	Niveau			
	β Urs. min. culm. inf.	2.	2 51, 3	+ 105. 10
	β Persei	2.	2 57, 3	+ 40. 18
	Niveau			

R e n v e r s e m e n t

Position des pivots	Etoile	Grandeur de l'étoile	Æ	Décl.
L. E.	Niveau			
	δ Persei	3. 4.	3 h. 31′,0	+ 47° 15′
	ζ Persei	3. 4.	3 43, 6	+ 31. 23
	ζ Urs. min. c. i.	4.	3 50, 2	+ 101. 40
	Niveau			
	γ Tauri	3. 4.	4 10, 2	+ 15. 13
	Bord de la Lune I.		4 26, 5	+ 16. 55
	1 Orionis	4.	4 40, 8	+ 6. 40
	ι Tauri	4. 5.	4 53, 1	+ 21. 21
	104 m Tauri	5.	4 57, 5	+ 18. 24
	ε Urs. min c. i.	4.	5 5, 4	+ 97. 42
	s Cameleop.	5.	5 17, 3	+ 74. 55
	Niveau			

R e n v e r s e m e n t

Position des pivots	Etoile	Grandeur de l'étoile	Æ	Décl.
L. O.	Niveau			
	δ Aurigae	3. 4.	5 h. 45′,0	+ 54″ 16′
	θ Aurigae	4.	5 48, 2	+ 44. 55
	δ Urs. min. c. i.	4.	6 26, 5	+ 93. 25
	Niveau			

Ainsi après 6 heures 30′ temps sidéral l'instrument peut être amené dans le premier vertical. Comme la hauteur du pôle à Berlin est 52°31′,2, je cherche dans le catalogue pour 1821 toutes les étoiles dont les déclinaisons sont entre 39° et 52°,5 , les ascensions droites de 3,5 jusqu'à 13 heures et je calcule aussitôt leurs angles horaires $= t$ et distances zénithales $= z$ dans le premier vertical.

Ces étoiles sont les suivantes :

Nom de l'étoile	Grandeur.	Æ	Décl.	t	z	Passage	
						Vert. E.	Vert. O.
		h.		h.		h.	h.
δ Persei	3. 4.	3 31',0	47° 14',5	2 15',9	22° 18'		5 46',9
υ —	4. 5	3.33,8	42. 2,5	3. 5, 0	32. 27		¹6.38,8
ε —	3. 4.	3.46,6	39. 31,2	3.23, 1	36. 41		²7. 9,7
μ —	4. 5.	4. 2,6	47. 58,5	2. 6,8	20.36		6. 9,4
ε Aurigae	4.	4.49,9	43. 33,8	2.52, 7	29.43		7.42,6
η —	4.	4.54,7	41. 0,0	3.12,8	34. 14		⁴8. 7,5
α —	1.	5. 4,3	45. 49,1	2.31, 6	25. 21		³7.35,9
β —	2.	5.47,2	44. 55,2	2.40, 5	27. 9		⁵8.27,7
ι Urs. major.	3. 4.	8.47,6	48. 41,7	1. 56,9	18. 49	²6. 50',7	10.44,5
χ — —	4. 5.	8.52,1	47. 48,9	2. 8,9	20.58	¹6.43,2	11. 1,0
θ — —	5.	9.21,6	52. 26,2	0.17,8	2.42	⁵9. 3,8	⁶9.39,4
λ — —	3. 4.	10. 6,9	45. 45,0	2.51, 1	29.23	³7. 15,8	
μ — —	3.	10.12,3	42. 20,5	3. 6,7	31.55	7. 5,6	
ψ — —	3. 4.	11. 0,5	45. 24,5	2.55,8	26. 11	⁴8. 24,5	
χ — —	4.	11.37,1	48. 42,7	1. 56,7	18. 46	9. 40,4	
8 Can. ven.	4. 5.	12.25, 7	42. 16,6	2.56,8	32. 2	9. 28,9	
12 — —	2. 3.	12. 48,1	39. 13,6	3. 25,0	37. 10	⁶9. 23,1	

Selon les temps des passages par le vertical Est et Ouest, les étoiles se laissent combiner deux à deux, comme cela est fait dans les colonnes du passage par la notation 1, 1, 2, 2, et ainsi de suite. L'astronome qui reste plus longtemps au même endroit, et veut multiplier les observations de la hauteur du pôle, fera bien de coordonner tous les passages, depuis le coucher du Soleil jusqu'à la nuit avancée, d'après leur succession en temps, pour en faire à chaque occasion un choix convenable.

Tous les temps des passages, aussi bien par le méridien que par le premier vertical doivent être convertis en temps de l'horloge. Supposant que la correction du chronomètre ait été au midi moyen $+ 17'48'',2$ sur le temps moyen et l'accroissement journalier de la correction $+ 6'',8$, on aurait avec le secours de l'annuaire :

Temps du chronomètre. Temps sidéral. Réduction du temps sidéral au chronomètre.

10 Févr. 23 h. $42'11'',8 = 21$ h. $18'9'',5 + 2$ h. $24',0.$

11 — 23. 42. 5 ,0 $= 21$. 22.5 ,9 $+ 2.$ 20, 0.

On obtient ainsi la table auxiliaire suivante pour la conversion du temps sidéral en temps du chronomètre.

Temps sidéral.	Réd.	Temps sidéral.	Réd.
0 h.	$+ 2$ h. $23',6$	6 h.	$+ 2$ h. $22',6$
1	23,4	7	22,4
2	23,2	8	22,2
3	23,1	9	22,1
4	22,9	10	21,9
5	22,7	11	21,7

A présent toutes les observations peuvent être disposées d'après le temps de l'horloge. En même temps les distances zénithales sont données au lieu des déclinaisons, pour le méridien comme pour le premier vertical.

Inspection des observations du 10 Févr. 1832

Position des pivots	Objet d'observation	Grandeur de l'étoile	Temps de l'horloge		Distance zénithale
	Instrument dans le méridien (Index I à l'Est)				
L. E.	Etoile polaire I. II.	2.	2 h.	52′,5	35° 54′ N.
L. O.	Etoile polaire III. IV. V.	2.	3.	22,4	35. 54 N.
	Niveau		4.	58	
	β Urs. min. culm. inf.	2.	5.	14,4	52. 39 N.
	β Persei	2.	5.	20,4	12. 13 S.
	Niveau	(Immersion de α Tauri 5 h. 31′,5.)			
L. E.	Niveau				
	δ Persei	3. 4.	5.	54,0	5. 16 S.
	ζ —	3. 4.	6.	6,6	21. 8 S.
	ζ Urs. min. c. i.	4.	6.	12,1	49. 9 N.
	Niveau				
	γ Tauri	3. 4.	6.	32,9	37. 18 S.
		(Emersion de α Tauri 6 h. 40,5.)			
	Bord de la Lune I.		6.	49,3	35. 36 S.
	1 Orionis	4.	7.	3,5	45. 51 S.
	104 m Tauri	5.	7.	21,2	34. 7 S.
	ε Urs. min. c. i.	4.	7.	26,1	45. 11 N.
	s Cameleop.	5.	7.	40,0	22. 24 N.
	Niveau				
L. O.	Niveau				
	δ Aurigae	3. 4.	8.	7,6	1. 45 N.
	θ Aurigae	4.	8.	10,8	7. 36 S.
	Niveau				
	δ Urs. min. c. i. I. II. III.	4.	8.	49,0	40. 54 N.

Position des pivots		Objet d'observation	Grandeur de l'étoile	Temps de l'horloge	Distance zénithale
Instrument dans le premier vertical (Index 1 au Nord)					
1.	L. S.	υ Persei	4. 5.	9. 1,1	32. 27 O.
		χ Urs. major.	4. 5.	9. 5,7	20. 58 E.
2.	L. N.	ι — —	3. 4.	9. 13,1	18. 49 E.
		ε Persei	3. 4.	9. 32,1	36. 41 O.
3.	L. S.	λ Urs. major.	3. 4.	9. 58,2	29. 23 E.
		α Aurigae	1.	9. 58,2	25. 21 O.
4.	L. N.	η —	4.	10. 29,7	34. 14 O.
		ψ —	3. 4.	10. 46,7	26. 11 E.
5.	L. S.	β Aurigae	2.	10. 49,9	27. 9 O.
		θ Urs. major.	3.	11. 25,9	2. 42 E.
6.	L. N.	12 Canum ven.	2. 3.	11. 45,1	37. 10 E.
		θ Urs. major.	3.	12. 1,4	2. 42 O.

Chaque renversement est indiqué ici par un trait transversal. Tous les moments se rapportent au fil moyen. De combien chaque étoile croise plus tôt le premier fil dans le premier vertical et avec quelle distance zénithale, c'est ce qui peut être noté dans une colonne voisine. Ici c'est omis. Pour les observations dans le premier vertical, le temps où chaque fois le niveau doit être observé n'est pas donné. Pour ι le mieux est de commencer par l'observation du niveau avant le passage de υ Persei, pour 2 il faut observer le niveau entre les passages des deux étoiles et ainsi de suite.

ADDITION.

DESCRIPTION D'UN INSTRUMENT DES PASSAGES PORTATIF D'ERTEL, D'UNE
CONSTRUCTION PLUS RÉCENTE ET D'UNE PLUS GRANDE DIMENSION.

M. Ertel a entrepris plus tard quelques changements dans la construction de l'instrument des passages portatif. Je crois donc qu'il est utile de donner dans ce livre la figure et la description de cet instrument d'après l'exécution la plus moderne. L'instrument décrit plus haut, pages 7 à 10, est un appareil de voyage, très commode à cause de sa légèreté et de ses petites dimensions. Il y a des circonstances où l'avantage de la facilité du transport peut décider sur le choix de l'instrument. Mais dans d'autres cas où il importe peu à l'astronome voyageur d'avoir des effets aussi légers que possible, il exigera dans son instrument une force optique considérable, mais avec des dimensions encore médiocres. Tel était l'instrument des passages, figuré sur la pl. III en demi-grandeur naturelle, qui fut employé en 1836 et 37 pendant le nivellement trigonométrique entre la Mer-Noire et la Mer-Caspienne, pour déterminer les longitudes aux extrémités de la ligne d'opération. L'ouverture de l'objectif a 21 lign. de Par. $=$ 1,9 pouc. angl., sa distance focale est de 19,7 pouc. de Par. $=$ 21 pouc. angl. La clarté des images dans cette lunette surpasse de beaucoup celle des deux instruments décrits plus haut, et cela à peu près dans le rapport de 2,7 : 2 : 1. L'amplification est aussi considérablement plus forte, car elle est de 54 fois.

La comparaison des planches II et III fera saisir la différence essentielle, indépendante des dimensions, dans la construction de l'instrument moderne E'' et celle de l'ancien E'. La voici:

1. Dans E'' le tube de l'objectif est conique.

2. Les moitiés de l'axe, sur les deux côtés du parallélépipède moyen, sont plus fortement coniques que dans E'.

3. Le mouvement micrométrique autour de l'axe horizontal est meilleur, et le renversement de l'axe dans les coussinets plus commode. Le mouvement se pratique moyennant la vis S, quand l'agrafe K est serrée. Cette vis tient à un étrier affermi au support du coussinet. Le bras A avec le ressort qui le tend passe dans cet étrier et se déplace par l'action de la vis S. De l'autre côté se trouve une seconde vis S' avec l'étrier qui lui appartient et dont b est le bout. Pour le renversement il n'y a rien à dévisser. On retire d'un des étriers le bras et le ressort, et après le retournement on les comprime pour les mettre dans l'autre.

4. Le cercle des hauteurs F est gradué sur argent, de $15'$ en $15'$. Les verniers des deux index J indiquent les minutes.

5. Le changement principal de la monture inférieure consiste en ce que le cercle extérieur reposant sur le trépied, porte une division exacte sur argent qui donne $10'$, tandis que la partie intérieure, mobile en azimut et servant de base aux supports des coussinets, a 4 verniers, établis de la manière pratiquée pour les instruments de Munich et qui donnent $10''$. La moyenne des 4 verniers permet la lecture par estime, avec certitude, à une seconde en arc près. Le déplacement délicat de la lunette en azimut se fait au moyen de l'agrafe h et de la vis micrométrique y jointe m. Il exige que les deux presses latérales g et g' soient relâchées (on ne voit sur la figure que les extrémités des vis).

Quand elles sont serrées, les deux cercles, celui du limbe et celui de l'alidade, tiennent si fort l'un contre l'autre, que le moindre déplacement relatif ne peut plus avoir lieu. Il est aisé de voir que l'emploi de la graduation donne beaucoup d'extension à l'usage de cet instrument, parce qu'elle indique directement la différence azimutale des divers verticaux dans lesquels les passages sont observés.

6. Les boutons des vis du pied sont divisés en 100 parties et l'on peut appliquer un index L sur chacune des coquilles qui portent les vis, pour mesurer les arcs d'un tour de vis.

7. Le prisme au milieu de la ligne optique est établi dans l'instrument moderne d'une manière plus convenable que dans l'ancien. Les 3 vis α qui le supportent, et dont 2 sont visibles sur la figure, ont leurs écrous dans la paroi postérieure du parallélepipède. Elles appuient la pièce d'acier μ. Une vis moyenne plus forte β traverse librement la paroi postérieure du parallélepipède et la plaque d'acier μ; elle a son écrou dans le siège T du prisme. En serrant cette vis, on affermit tout l'appareil. Mais si l'on relâche β, on pourra, moyennant les 3 vis α, changer l'inclinaison de la surface miroitante et par là aussi la ligne de vision. La rotation du prisme, autour de l'axe du tube objectif, est effectuée à l'aide de deux longues vis δ qui ont leurs écrous dans les deux parois latérales du parallélepipède. Ces vis touchent au talon γ qui se trouve sur le siège du prisme. On voit que la rectification du prisme est plus commode que dans l'instrument décrit précédemment.

8. Le niveau représenté sur les fig. 2, 3, 4 est autrement monté que dans l'instrument d'ancienne construction. Le tube de verre G repose in-

variablement dans une auge cylindrique *M*. La correction verticale se fait dans l'un des pieds fig. 4, et celle en azimut dans l'autre fig. 5.

Voici encore quelques indications sur l'usage plus étendu de cet instrument et que produit la division horizontale exacte.

a. Quand l'instrument est établi sur une base suffisamment solide, p. ex. sur un pilier maçonné ou un tréteau bien chargé, le cercle d'alidade peut être tourné dans le limbe, sans que ce dernier éprouve le moindre déplacement. On pourra alors mesurer à l'aide de cet instrument des angles horizontaux avec une grande rigueur, et déterminer les azimuts des objets terrestres par la comparaison avec l'étoile polaire. Par conséquent cet instrument permet aussi d'employer la méthode de la détermination du temps moyennant les différences azimutales entre un objet terrestre (une mire vaut le mieux) dont l'azimut est connu, et une étoile fondamentale. Si l'azimut de la mire n'est pas connu, on y ajoute l'observation de la Polaire, et l'on obtient ainsi, tant la correction de l'horloge que l'azimut inconnu auparavant. Si dans ces observations on fait usage de l'instrument dans les deux positions, obtenues, ou par le renversement de l'axe, ou en passant avec la lunette par le zénith, les erreurs constantes seront détruites, et l'on gagnera la plus haute précision dans les résultats. Outre l'observation exacte du passage et la lecture rigoureuse de la division, on doit déterminer à chaque observation l'inclinaison de l'axe avec la plus grande exactitude, et vérifier principalement, par un pointement réitéré sur la mire ou sur l'étoile polaire, dont le changement en azimut est facile à trouver, si réellement le limbe ne s'est pas déplacé.

b. Quand on compare en azimut la Polaire avec une étoile fondamentale quelconque, on observe la première dans son passage par le seul fil moyen, mais l'autre étoile par tous les fils. Si avec cela on a une connaissance, quoique approximative, de la correction de l'horloge, on pourra déduire aussitôt de la lecture pour la Polaire, d'après son azimut, le lieu du méridien, c.-à-d. l'indication des verniers pour le placement de la lunette dans le méridien. On obtient alors également la valeur approchée pour l'azimut de l'étoile, d'après la lecture du limbe relative à l'observation de l'étoile et comparée avec le lieu du méridien. Nommant A cet azimut, la distance N du grand cercle de l'instrument au pôle se trouve par

$$\sin N = \sin A \cdot \cos \varphi.$$

A présent les fils latéraux de l'étoile fondamentale peuvent être exactement réduits au fil moyen, parce que pour la distance $= 15\ c$, la réduction k en temps s'obtient d'après:

$$\cos \tfrac{1}{2} (\delta - N) \cdot \cos \tfrac{1}{2} (\delta + N) = \alpha$$
$$\sin N \cdot \sin \delta = \beta$$
$$k = \frac{1}{\alpha}\ c \mp \frac{7,5\ \beta \cdot c^2 \cdot \sin 1''}{\alpha^3},$$

le second terme est de même signe que le premier, quand le fil latéral est plus éloigné du pôle que le fil moyen, et de signe opposé dans le cas contraire.

c. La graduation horizontale de l'instrument, dans la supposition de l'état invariable du limbe, peut être employée également pour observer les différences azimutales entre la Lune et une étoile fondamentale voisine. En répétant l'opération dans les deux positions de l'instrument, on obtient plusieurs valeurs de l'asc. dr. de la Lune et parconséquent une détermination multipliée de la longitude du lieu d'observation.

L'exposition détaillée de ces méthodes n'appartient pas ici. Je l'ai donnée complètement, pour la détermination du temps, dans mon exposition de la mesure d'un arc de méridien *), tome I page 317 et les suivantes.

*) Cet ouvrage intitulé : *Beschreibung der Breitengradmessung in den Ostseeprovinzen Russlands, von F. G. W. Struve*, 2 vol. gr. in 4°, a paru à Dorpat en 1831.

(N. du tr.)

Catalogue des étoiles circompolaires boréales qui servent à déterminer n, pour 1838.

	$N^{\underline{o}}$ dans le Cat. d'Argel.	$N^{\underline{o}}$ dans le Cat. de Pond	Nom de l'étoile	Grandeur.	Æ.		Décl.	
1		492	Camelop. 208 Bode	5	12 h.	4′,5	78°	31′,0
2	8	8	x Cassiopeae	4	0	23, 8	62	2, 2
3		28	Polaris	2	1	1, 6	88	26, 7
4	57	64	50 Cassiopeae	4. 5	1	49, 7	71	38, 0
5	317	560	α Draconis	3. 4	14	0, 0	65	9, 1
6		78	n Cust. Mess	5	2	22, 8	72	6, 2
7	340	592	β Urs. min.	2. 3	14	51, 3	74	49, 1
8		142	Rangif. 35 Bode	6	3	47, 8	85	7, 0
9	374	649	ζ Urs. min.	4	15	50, 0	78	17, 4
10		695	15 Draconis	4. 5	16	28, 3	69	7, 1
11		188	9 Camelop.	4. 5	4	38, 0	66	3, 4
12		720	ε Urs. min.	4	17	2, 8	82	17, 5
13		230	s Camelop.	5	5	18, 1	74	55, 3
14		798	δ Urs. min.	4	18	24, 6	80	35, 4
15		340	z Camelop.	4	7	13, 9	68	47, 1
16		846	τ Draconis	4	19	18, 6	73	3, 2
17		915	λ Urs. min.	5	20	23, 3	88	49, 4
18		395	Draconis 1 Hev.	5	9	13, 4	82	1, 9
19	491	969	β Cephei	3	21	26, 5	69	51, 0
20		432	Q Camelop.	5	10	21, 1	76	32, 7
21		1035	m Cephei	5	22	29, 4	75	23, 5
22		474	λ Draconis	3. 4	11	21, 8	70	13, 4
23	553	1093	γ Cephei	3	25	32, 8	76	43, 7

Tᴀʙʟᴇ auxiliaire 1 pour calculer l'azimut de l'étoile polaire ; elle donne P.

(Argument : angle horaire de la Polaire, compté depuis la culmination supérieure de part et d'autre jusqu'à 12 heures.)

0ʰ 0′	0′,00	0ʰ 30′	12′,02	1ʰ 0′	23′,81	1ʰ 30′	35′,22	2ʰ 0′	46′,01	2ʰ 30′	56′,02
1	0,41	31	12,41	1	24,20	31	35,59	1	46,36	31	56,34
2	0,80	32	12,81	2	24,59	32	35,96	2	46,70	32	56,65
3	1,21	33	13,21	3	24,97	33	36,32	3	47,05	33	56,97
4	1,61	34	13,61	4	25,36	34	36,69	4	47,39	34	57,28
5	2,01	35	14,00	5	25,75	35	37,06	5	47,74	35	57,60
6	2,41	36	14,40	6	26,14	36	37,43	6	48,08	36	57,91
7	2,82	37	14,80	7	26,52	37	37,80	7	48,43	37	58,22
8	3,21	38	15,19	8	26,90	38	38,16	8	48,76	38	58,53
9	3,62	39	15,59	9	27,29	39	38,53	9	49,10	39	58,84
0.10	4,02	0.40	15,98	1.10	27,67	1.40	38,89	2.10	49,44	2.40	59,15
11	4,42	41	16,37	11	28,05	41	39,26	11	49,78	41	59,46
12	4,81	42	16,77	12	28,43	42	39,62	12	50,11	42	59,76
13	5,22	43	17,17	13	28,82	43	39,98	13	50,45	43	60,07
14	5,62	44	17,56	14	29,20	44	40,34	14	50,79	44	60,37
15	6,02	45	17,95	15	29,58	45	40,70	15	51,13	45	60,67
16	6,42	46	18,35	16	29,96	46	41,06	16	51,46	46	60,97
17	6,83	47	18,75	17	30,34	47	41,42	17	51,79	47	61,27
18	7,22	48	19,13	18	30,72	48	41,78	18	52,12	48	61,57
19	7,62	49	19,53	19	31,10	49	42,13	19	52,45	49	61,87
0.20	8,02	0.50	19,92	1.20	31,47	1.50	42,49	2.20	52,78	2.50	62,17
21	8,42	51	20,32	21	31,85	51	42,85	21	53,11	51	62,47
22	8,83	52	20,70	22	32,23	52	43,20	22	53,43	52	62,76
23	9,24	53	21,10	23	32,60	53	43,56	23	53,76	53	63,05
24	9,62	54	21,49	24	32,97	54	43,91	24	54,09	54	63,34
25	10,03	55	21,88	25	33,35	55	44,26	25	54,41	55	63,63
26	10,43	56	22,26	26	33,73	56	44,61	26	54,73	56	63,92
27	10,83	57	22,65	27	34,10	57	44,96	27	55,06	57	64,21
28	11,21	58	23,04	28	34,47	58	45,31	28	55,38	58	64,50
29	11,62	59	23,43	29	34,85	59	45,66	29	55,70	59	64,78
30	12,02	1.0	23,81	30	35,22	2.0	46,01	30	56,02	3.0	65,07

Table auxiliaire I.

Continuation.

(NB. Quand l'angle horaire surpasse 6 heures, on prend son supplément à 12 heures.)

3^h		3^h		4^h		4^h		5^h		5^h	
0'	65', 07	30'	73', 01	0'	79', 69	30'	85', 02	0'	88', 89	30'	91', 23
1	65, 35	31	73, 25	1	79, 89	31	85, 17	1	88, 99	31	91, 29
2	65, 63	32	73, 49	2	80, 09	32	85, 32	2	89, 09	32	91, 34
3	65, 92	33	73, 73	3	80, 29	33	85, 47	3	89, 19	33	91, 38
4	66, 19	34	73, 97	4	80, 48	34	85, 62	4	89, 29	34	91, 43
5	66, 47	35	74, 21	5	80, 68	35	85, 76	5	89, 38	35	91, 47
6	66, 75	36	74, 45	6	80, 87	36	85, 91	6	89, 48	36	91, 51
7	67, 03	37	74, 68	7	81, 06	37	86, 05	7	89, 57	37	91, 55
8	67, 30	38	74, 92	8	81, 25	38	86, 19	8	89, 66	38	91, 59
9	67, 57	39	75, 15	9	81, 44	39	86, 34	9	89, 75	39	91, 63
3. 10	67, 84	3. 40	75, 38	4. 10	81, 62	4. 40	86, 47	5. 10	89, 84	5. 40	91, 67
11	68, 12	41	75, 61	11	81, 81	41	86, 61	11	89, 92	41	91, 71
12	68, 39	42	75, 84	12	81, 99	42	86, 74	12	90, 01	42	91, 74
13	68, 65	43	76, 06	13	82, 17	43	86, 88	13	90, 09	43	91, 77
14	68, 92	44	76, 29	14	82, 35	44	87, 01	14	90, 17	44	91, 79
15	69, 19	45	76, 51	15	82, 53	45	87, 14	15	90, 25	45	91, 82
16	69, 45	46	76, 74	16	82, 71	46	87, 27	16	90, 33	46	91, 84
17	69, 71	47	76, 96	17	82, 88	47	87, 39	17	90, 41	47	91, 87
18	69, 97	48	77, 17	18	83, 06	48	87, 52	18	90, 48	48	91, 89
19	70, 23	49	77, 39	19	83, 23	49	87, 64	19	90, 55	49	91, 92
3. 20	70, 49	3. 50	77, 61	4. 20	83, 40	4. 50	87, 76	5. 20	90, 62	5. 50	91, 92
21	70, 75	51	77, 83	21	83, 57	51	87, 88	21	90, 69	51	91, 95
22	71, 00	52	78, 04	22	83, 74	52	88, 00	22	90, 76	52	91, 97
23	71, 26	53	78, 25	23	83, 90	53	88, 11	23	90, 83	53	91, 98
24	71, 51	54	78, 46	24	84, 07	54	88, 23	24	90, 89	54	91, 99
25	71, 77	55	78, 67	25	84, 23	55	88, 34	25	90, 95	55	92, 00
26	72, 02	56	78, 88	26	84, 39	56	88, 45	26	91, 01	56	92, 01
27	72, 27	57	79, 08	27	84, 55	57	88, 57	27	91, 07	57	92, 01
28	72, 51	58	79, 28	28	84, 71	58	88, 67	28	91, 13	58	92, 02
29	72, 76	59	79, 49	29	84, 86	59	88, 78	29	91, 18	59	92, 02
30	73, 01	4. 0	79, 69	30	85, 02	5. 0	88, 89	30	91, 23	6. 0	92, 02

TABLE auxiliaire II pour calculer l'azimut de l'étoile polaire; elle donne Q.

(Arguments : angle horaire de la Polaire, comme pour la table I, et hauteur du pôle.)

	0°	5°	10°	15°	20°	25°	30°	35°	40°	45°	50°
0ʰ 0′	0′,00	0′,00	0′,00	0′,00	0′,00	0′,00	0′,00	0′,00	0′,00	0′,00	0′,00
10	−0,00	+0,01	+0,02	+0,03	+0,04	+0,06	+0,07	+0,08	+0,09	+0,11	+0,13
20	00	02	04	06	07	10	13	16	19	22	26
30	00	03	06	08	11	15	19	23	28	33	39
40	00	04	07	11	15	20	25	30	37	43	52
50	00	05	09	14	19	24	31	37	45	53	64
1ʰ 0′	0,00	0,06	0,11	0,17	0,22	0,28	0,37	0,43	0,52	0,64	0,75
10	00	07	13	20	26	34	42	50	60	73	86
20	00	07	14	22	29	37	47	56	67	81	96
30	00	07	15	23	32	41	52	63	75	89	1,07
40	00	08	17	25	35	45	56	68	81	96	16
50	00	08	18	27	37	48	60	73	86	1,03	24
2ʰ 0′	0,00	0,09	0,19	0,28	0,38	0,51	0,63	0,76	0,91	1,09	1,31
10	00	09	19	29	40	52	66	79	95	13	37
20	00	09	20	30	41	54	67	81	97	17	40
30	01	69	20	31	42	55	68	83	1,00	20	43
40	01	09	20	31	43	56	69	85	01	22	45
50	01	09	20	32	44	56	70	86	02	23	47
3ʰ 0′	0,01	0,09	0,20	0,32	0,44	0,56	0,71	0,86	1,03	1,24	1,48
10	01	09	20	32	44	55	70	85	02	23	46
20	01	09	20	31	43	55	69	85	01	21	44
30	01	09	20	31	42	54	67	83	0,99	19	41
40	01	08	19	30	40	52	66	81	96	15	38
50	01	08	18	28	38	51	63	78	93	11	32
4ʰ 0′	0,02	0,07	0,17	0,26	0,37	0,48	0,60	0,67	0,87	1,05	1,26
10	02	07	16	25	35	45	57	68	81	0,98	18
20	02	07	15	23	33	42	53	64	76	92	10
30	02	06	13	22	30	38	49	58	70	84	01
40	02	05	12	20	27	35	44	52	64	76	0,92
50	02	05	11	18	24	31	38	46	56	67	81
5ʰ 0′	0,02	0,04	0,09	0,15	0,21	0,27	0,33	0,39	0,49	0,58	0,69
10	02	03	07	12	17	22	27	33	40	49	58
20	02	02	06	09	13	18	22	26	32	38	46
30	02	01	04	07	09	12	16	20	23	28	34
40	02	00	02	04	06	07	10	12	15	18	22
50	02	−0,01	00	01	02	03	05	05	06	07	08

Tᴀʙʟᴇ auxiliaire II.

Continuation.

	55°	60°	62°	64°	66°	68°	70°	72°	74°	76°	78°
0ʰ 0′	0′,00	0′,00	0′,00	0′,00	0′,00	0′,00	0′,00	0′,00	0′,00	0′,00	0′,00
10	+0,16	+0,20	+0,22	+0,23	+0,26	+0,28	+0,32	+0,36	+0,41	+0,48	+0,57
20	32	39	42	47	52	56	63	71	82	95	1,14
30	47	58	63	69	76	84	94	1,07	1,22	1,41	70
40	62	76	82	91	1,00	1,11	1,24	40	61	86	2,23
50	77	94	1,02	1,12	24	37	53	72	99	2,30	75
1ʰ 0′	0,91	1,11	1,22	1,33	1,46	1,61	1,81	2,04	2,34	2,72	3,25
10	1,04	27	40	52	68	85	2,07	32	69	3,12	72
20	17	43	55	70	88	2,08	32	61	3,00	48	4,15
30	29	57	71	86	2,06	29	55	88	29	85	56
40	40	70	85	2,01	23	46	74	3,11	55	4,14	93
50	49	81	99	15	37	63	93	31	79	40	5,25
2ʰ 0′	1,56	1,91	2,09	2,28	2,50	2,77	3,09	3,48	4,00	4,64	5,52
10	63	2,00	18	37	60	88	23	63	17	83	74
20	69	07	25	45	70	99	33	75	29	99	93
30	73	12	30	51	76	3,06	42	84	38	5,10	6,06
40	76	15	34	55	81	11	48	89	45	16	14
50	78	17	36	58	83	14	49	92	49	19	15
3ʰ 0′	1,78	2,17	2,36	2.58	2,84	3,13	3,49	3,92	4,48	5,18	6,14
10	76	16	34	56	81	11	47	89	43	12	06
20	74	13	31	52	77	06	41	82	36	03	5,95
30	70	08	26	46	71	2,99	33	73	23	4,90	78
40	65	01	18	38	61	89	21	60	08	72	55
50	58	1,93	10	29	50	76	07	45	3,91	51	29
4ʰ 0′	1,50	1,83	1,99	2,16	2,37	2,61	2,90	3,26	3,70	4,25	4,99
10	40	71	86	02	23	45	73	05	47	3,97	65
20	31	59	73	1,88	07	28	52	2,82	20	67	28
30	21	46	59	72	1,89	08	30	58	2,91	33	3,88
40	10	32	43	55	70	1,86	07	31	60	2,97	46
50	0,97	16	26	37	49	64	1,82	02	28	59	2,98
5ʰ 0′	0,83	1,00	1,09	1,18	1,27	1,40	1,55	1,72	1,93	2,19	2,52
10	68	0,83	0,90	0,98	06	16	27	41	57	1,78	02
20	53	66	71	77	0,82	0,90	0,98	10	22	35	1,53
30	38	47	51	55	59	64	69	0,77	0,84	0,92	01
40	23	28	30	33	35	37	40	44	47	49	0,50
50	08	09	10	11	11	11	11	11	08	06	02

TABLE auxiliaire II pour calculer l'azimut de l'étoile polaire ; elle donne Q.

(Arguments : angle horaire de la Polaire, comme pour la table I, et hauteur du pôle.)

	0°	5°	10°	15°	20°	25°	30°	35°	40°	45°	50°
6ʰ 0′	−0′,02	−0′,02	−0′,02	−0′,02	−0′,02	−0′,03	−0′,03	−0′,03	−0′,04	−0′,04	−0′,06
10	02	03	04	05	06	07	09	11	13	14	19
20	02	04	06	07	09	12	16	19	22	24	31
30	02	05	07	10	13	18	22	25	31	36	43
40	02	06	09	13	17	22	27	32	39	46	55
50	02	07	11	16	21	27	33	38	47	56	67
7ʰ 0′	0,02	0,07	0,13	0,19	0,24	0,31	0,38	0,45	0,54	0,66	0,77
10	02	08	15	21	27	35	43	52	62	74	87
20	02	08	16	22	30	38	48	58	69	82	96
30	02	09	17	25	34	42	52	64	76	90	1,06
40	02	10	19	27	37	46	56	68	81	96	14
50	02	10	20	29	38	49	60	73	86	1,03	22
8ʰ 0′	0,02	0,11	0,21	0,30	0,40	0,52	0,64	0,77	0,91	1,09	1,29
10	01	11	21	31	42	53	67	80	95	13	35
20	01	11	22	32	43	55	68	81	97	17	39
30	01	11	22	33	44	56	69	83	99	19	41
40	01	11	22	33	45	57	70	84	1,01	20	43
50	01	11	22	34	46	57	70	85	02	21	45
9ʰ 0′	0,01	0,11	0,22	0,34	0,46	0,58	0,71	0,86	1,03	1,22	1,46
10	01	11	22	34	46	57	70	85	02	21	44
20	01	11	22	33	45	56	69	84	00	20	42
30	01	11	22	33	44	55	68	83	0,98	18	40
40	00	10	21	32	42	53	67	81	96	15	36
50	00	10	20	30	40	52	64	78	92	11	30
10ʰ0′	0,00	0,09	0,19	0,28	0,38	0,49	0,61	0,74	0,87	1,05	1,24
10	00	08	18	27	37	46	57	69	82	0,98	17
20	00	08	17	25	35	43	53	65	77	92	10
30	00	07	15	23	32	39	50	60	71	85	01
40	00	07	14	22	29	37	45	54	65	78	0,92
50	00	07	13	20	26	33	40	48	58	69	81
11ʰ0′	0,00	0,06	0,11	0,17	0,22	0,29	0,35	0,41	0,51	0,60	0,71
10	00	05	09	14	19	24	30	35	43	51	61
20	00	04	07	11	15	20	24	28	35	41	50
30	00	03	06	08	11	15	19	22	26	31	37
40	00	02	04	06	07	10	13	15	18	21	25
50	00	01	02	03	04	06	07	07	09	10	13
12ʰ0′	00	00	00	00	00	00	00	00	00	00	00

TABLE auxiliaire II.

Continuation.

	58°	60°	62°	64°	66°	68°	70°	72°	74°	76°	78°
6ʰ 0'	−0′,07	−0′,08	−0′,10	−0′,11	−0′,13	−0′,16	−0′,19	−0′,22	−0′,30	−0′,38	−0′,52
10	22	27	30	33	37	43	49	56	67	81	1,02
20	37	46	50	54	60	68	77	88	1,03	1,23	51
30	51	64	69	76	83	94	1,05	1,20	39	63	99
40	66	81	88	96	1,05	1,18	32	50	73	2,01	2,44
50	80	97	1,07	1,16	26	40	57	78	2,05	39	86
7ʰ 0'	0,93	1,13	1,24	1,35	1,48	1,63	1,83	2,06	2,36	2,74	3,27
10	1,05	28	40	52	68	85	2,06	32	64	3,07	64
20	17	42	55	69	86	2,05	28	56	91	37	99
30	28	55	69	84	2,02	23	47	78	3,16	65	4,31
40	38	67	81	98	17	39	65	98	38	90	59
50	46	77	92	2,10	29	55	82	3,16	57	4,10	82
8ʰ 0'	1,54	1,86	2,02	2,20	2,41	2,65	2,94	3,30	3,74	4,29	5,03
10	59	93	11	29	50	75	3,05	42	87	43	19
20	64	2,00	17	36	58	83	14	51	97	55	32
30	69	04	22	41	63	89	21	58	4,05	64	40
40	71	07	26	44	67	93	25	62	09	69	45
50	73	09	27	46	69	96	27	65	11	71	47
9ʰ 0'	1,74	2,10	2,27	2,46	2,69	2,96	3,27	3,64	4,10	4,69	5,44
10	72	08	26	44	67	93	24	62	07	64	38
20	70	04	22	42	63	88	18	55	3,99	55	27
30	66	00	17	36	58	82	12	47	90	44	13
40	61	1,94	11	29	49	75	02	35	77	29	4,95
50	55	86	02	20	40	62	2,89	22	62	11	74
10ʰ0'	1,47	1,78	1,92	2,09	2,28	2,49	2,75	3,07	3,44	3,91	4,51
10	39	68	81	1,97	15	35	59	2,89	24	67	24
20	29	56	70	84	01	20	45	70	02	43	3,94
30	20	44	56	70	1,85	02	25	48	2,78	16	62
40	09	31	42	54	68	1,84	01	27	52	2,85	28
50	0,97	17	26	38	49	63	1,80	01	25	53	2,92
11ʰ0'	0,85	1,02	1,11	1,20	1,29	1,42	1,56	1,74	1,95	2,21	2,54
10	71	0,86	0,94	00	10	20	52	47	65	1,86	14
20	57	68	76	0,81	0,88	0,97	07	19	33	50	1,72
30	43	52	57	62	67	73	0,81	0,90	01	13	30
40	29	35	38	41	44	49	54	60	0,68	0,76	0,88
50	15	18	19	21	22	24	27	30	35	38	44
12ʰ0'	00	00	00	00	00	00	00	00	00	00	00

TABLE auxiliaire III pour calculer l'azimut de l'étoile polaire; elle donne R.

(Argument : déclinaison de la Polaire.)

88° 26' 0"	+0,00934	88° 28' 0"	−0,00000
10	857^{77}	10	079^{79}
20	780^{77}	20	158^{79}
30	703^{77}	30	237^{79}
40	625^{78}	40	316^{79}
50	547^{79}	50	395^{79}
27. 0	470^{77}	29. 0	475^{80}
10	392^{78}	10	554^{79}
20	314^{78}	20	634^{80}
30	235^{79}	30.	714^{80}
40	157^{78}	40	794^{80}
50	079^{76}	50	875^{81}
28. 0	000^{79}	30. 0	955^{80}

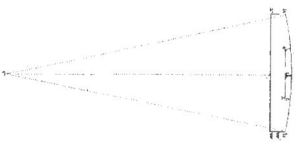

Fig. 2.

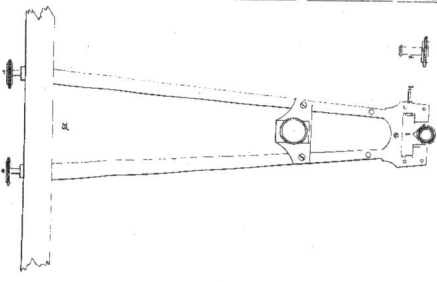

Fig. 5.

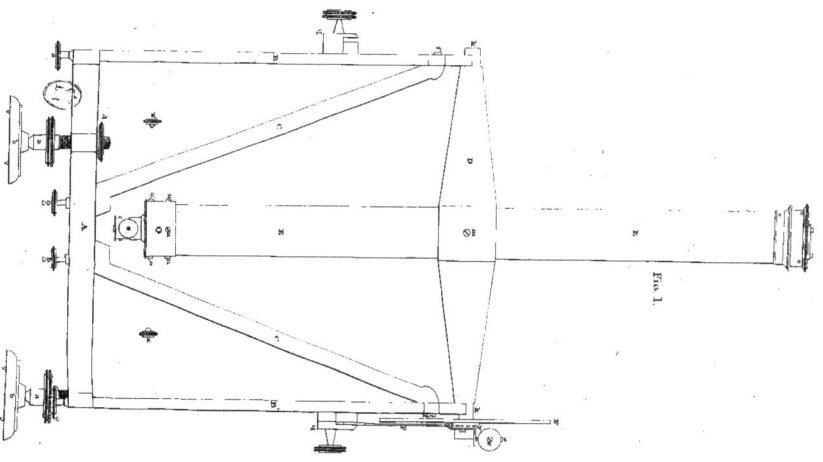

Fig. 1.

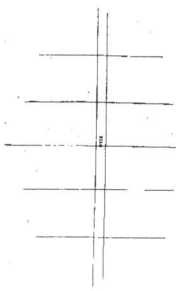

Fig. 4.

Fig. 3.

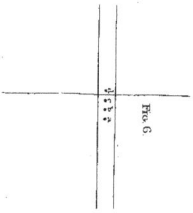

Fig. 6.

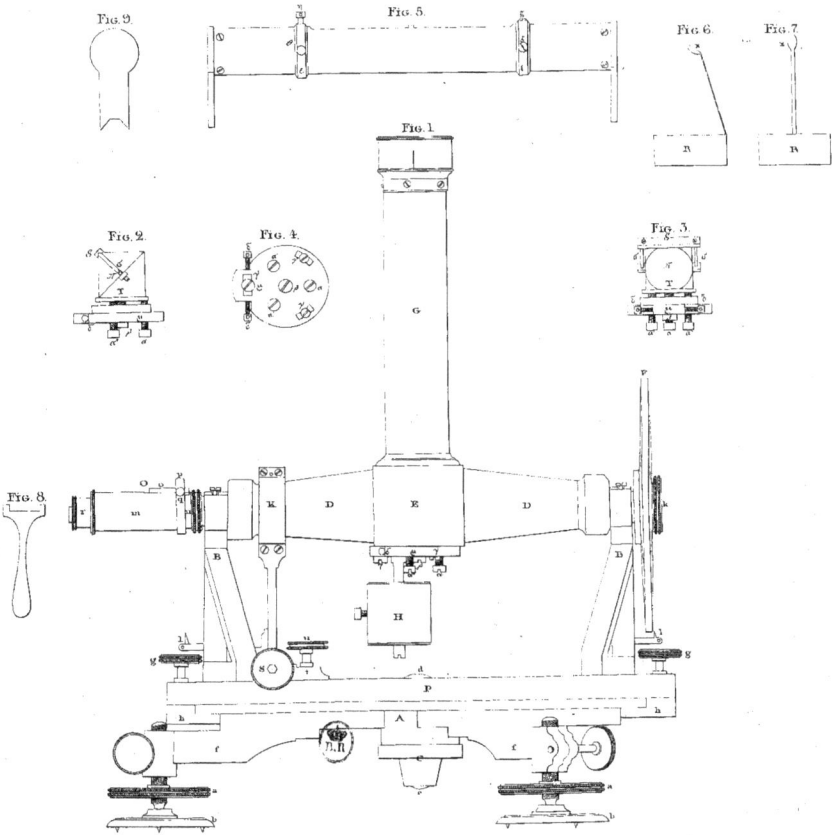

FIG. 9.   FIG. 5.   FIG. 6.   FIG. 7.

FIG. 1.

FIG. 2.   FIG. 4.   FIG. 3.

FIG. 8.

Fig. 2.

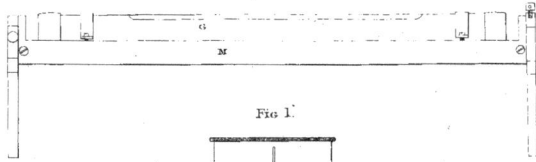

Fig. 1.

Fig. 3.

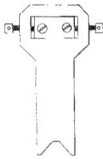

Fig. 4.

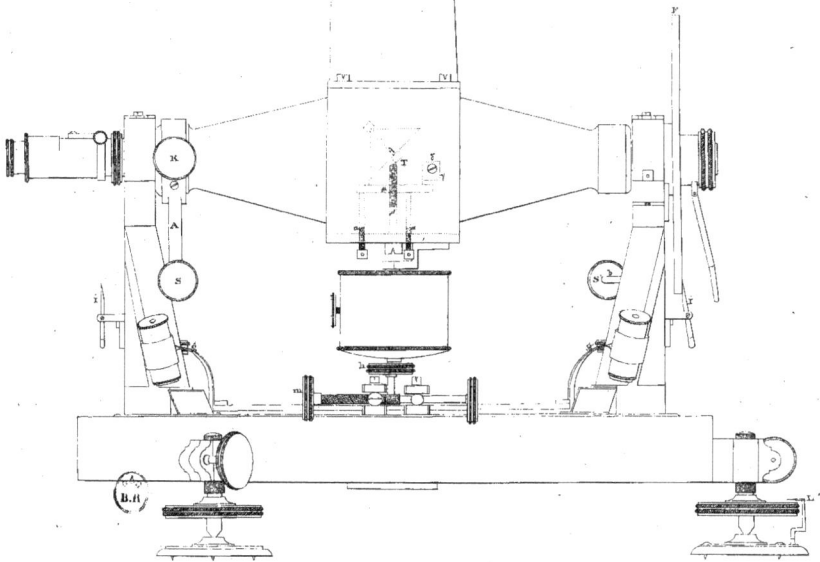

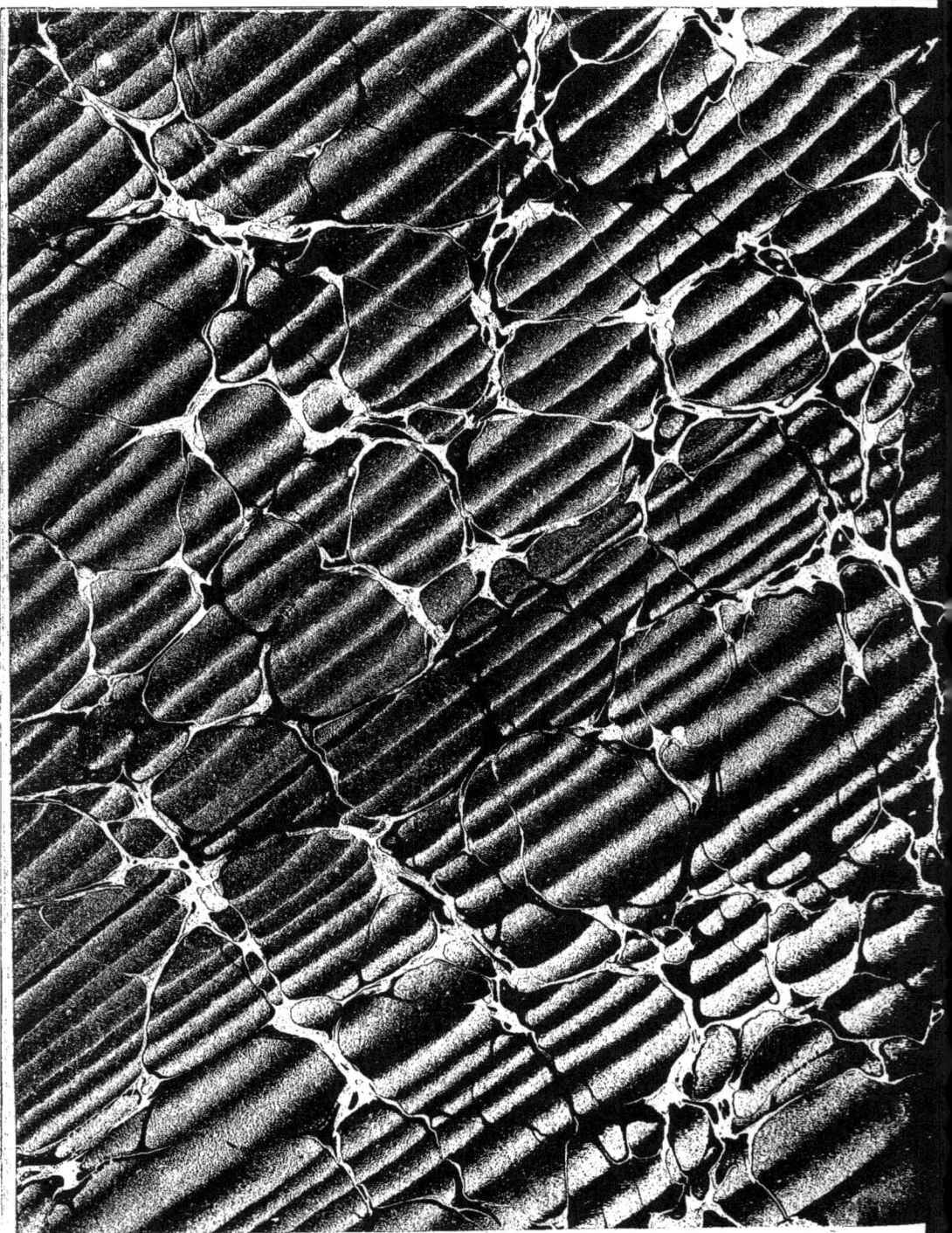

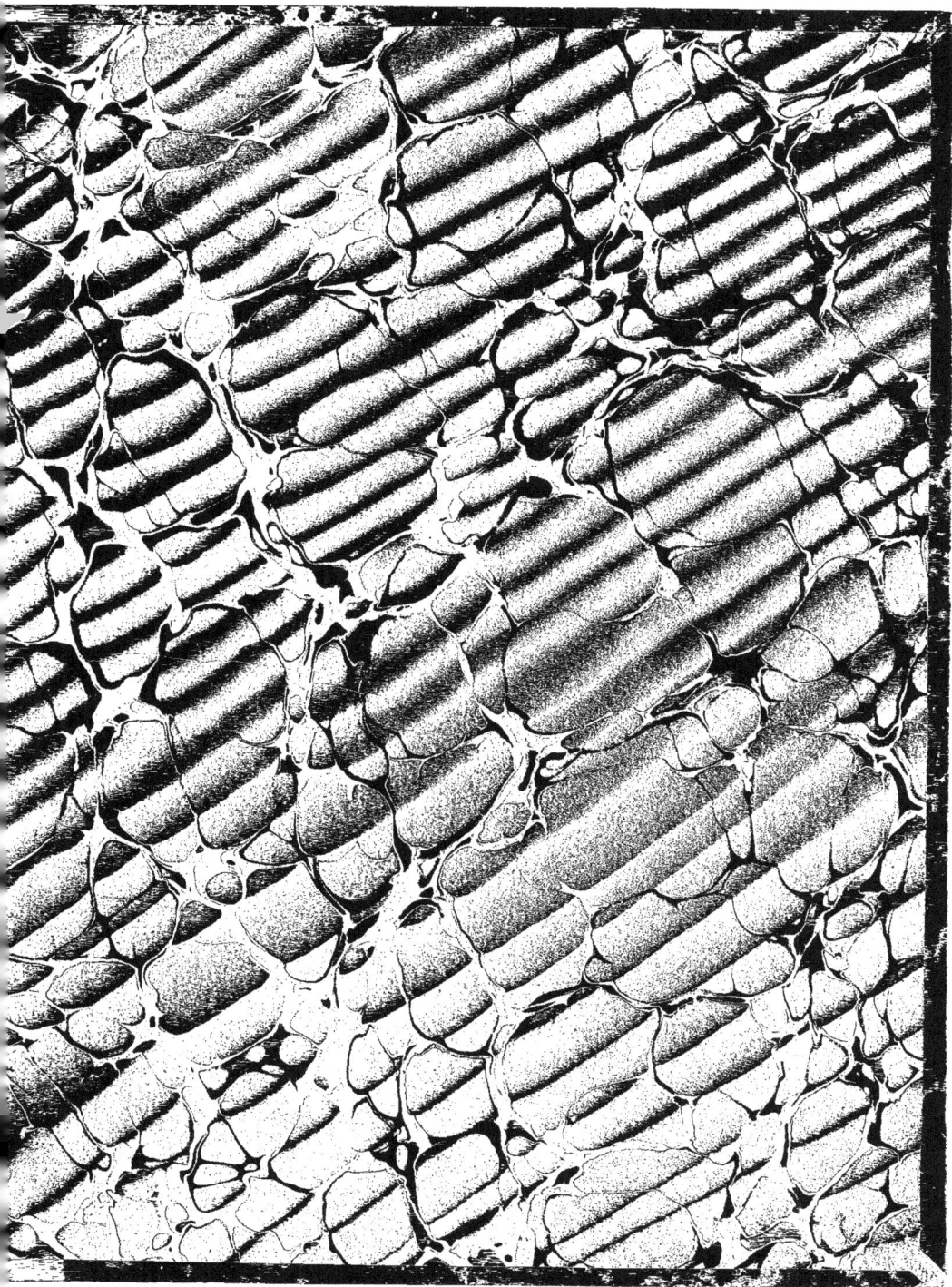

www.ingramcontent.com/pod-product-compliance
Lightning Source LLC
Chambersburg PA
CBHW071207200326
41519CB00018B/5408